U0129719

本书为国家自然科学基金项目（40671073）和
教育部人文社科研究一般项目（06JAGJW002）的阶段性成果

FDI
与东道国
可持续发展关系研究

A STUDY INTERACTION RELATIONSHIP BETWEEN FDI
AND HOST COUNTRY'S SUSTAINABLE DEVELOPMENT

周学仁 著

中国社会科学出版社

图书在版编目(CIP)数据

FDI 与东道国可持续发展关系研究/周学仁著 . —北京：中国社会科学出版社,2010. 1

ISBN 978-7-5004-8604-6

Ⅰ.①F⋯　Ⅱ.②周⋯　Ⅲ.①外国投资:直接投资—关系—可持续发展—研究　Ⅳ.①F830.59

中国版本图书馆 CIP 数据核字(2010)第 043397 号

责任编辑　张　林　陈　琨
责任校对　韩天炜
封面设计　杨　蕾
技术编辑　戴　宽

出版发行　中国社会科学出版社
社　　址　北京鼓楼西大街甲 158 号　　邮　编　100720
电　　话　010—84029450(邮购)
网　　址　http://www.csspw.cn
经　　销　新华书店
印　　刷　新魏印刷厂　　　　　　　装　订　广增装订厂
版　　次　2010 年 1 月第 1 版　　　　印　次　2010 年 1 月第 1 次印刷
开　　本　880×1230　1/32
印　　张　6.875　　　　　　　　　　插　页　2
字　　数　188 千字
定　　价　20.00 元

序

20 世纪初以来，随着科学技术的迅猛发展，人类改造自然的能力得到了极大的提高。在社会财富急剧增长和人们生活水平普遍提高的同时，也出现了一系列诸如资源枯竭、环境污染和生态恶化等重大问题。如何实现可持续发展，逐渐引起国际组织、各国政府和学术界的重视。

古典经济学关于资源稀缺与经济增长的研究、新古典经济学关于资源配置与环境污染的研究，均蕴涵着可持续发展理论的思想萌芽。现代的可持续发展理论的系统研究始于 20 世纪 60 年代，并 80 年代基本形成一套完整的理论框架和评价指标体系。同期，现代的国际直接投资理论也应运而生，并不断发展和完善。可持续发展理论研究的客体是特定的区域，既要研究当代经济、社会、环境和资源之间的协调发展，更要研究这种协调发展的可持续性。处于主流地位的现代国际直接投资理论是西方学者在实证研究西方发达国家跨国公司对外直接投资实践的基础上形成的，主要研究的是投资主体的垄断优势和动因等。在近半个世纪的演进过程中，两种理论并行不悖，未出现理论交集。当然，与东道国可持续发展这一复杂的巨系统相比，流入的 FDI 无疑是较小的经济变量。但同时也应当看到，FDI 体现为一揽子生产要素的国际转移，借助示范效应和多重外部效应，对东道国（特别是发展中东道国）的经济、社会、资源和环境等各个方面产生重大影响。同时，东道国的可持续发展水平必然是外国跨国公司进行投资区位选择的重要参考因素。本书系统地研究了 FDI 与东道国可持续发展之间的相互作用关系，选题具有重要的理论意义和实践意义。

在本书的写作过程中，周学仁博士下了一番苦功夫，收集和整理了大量的基础资料，进行了规范的理论分析和实证检验，并提出了颇具说服力的结论和具有可操作性的政策建议。以笔者愚见，本书在以下几个方面作了创新性探索：

一是系统地分析了 FDI 与东道国可持续发展之间的相互作用关系。将 FDI 作为一个重要变量，分析其与东道国可持续发展这个复杂巨系统之间的相互作用关系，这在已有的研究文献中是很少见的。在国际直接投资理论和可持续发展理论各自的研究范畴内，很难将 FDI 与可持续发展之间建立起联系。本书的研究表明，FDI 与东道国可持续发展系统之间不但具有相互作用关系，而且这种相互作用被证明是多维的，并在作用方向和力度上存在一定的规律。

二是界定了 FDI "动能" 的 "波形" 传递过程。本书将因 FDI 流入量变动而引起的东道国可持续发展各子系统和诸因素的一系列连锁反应，界定为 FDI 对东道国可持续发展系统的作用关系。本书不但给出了 FDI 流入量变动所直接作用的因素，而且以动态推演的方式勾勒出 FDI "动能" 在东道国可持续发展系统中的扩散层次和传递方向。这一过程显示了 FDI 流入量变动对东道国可持续发展系统的作用具有一定的 "波形" 传递特征。

三是在分析 FDI 流入的东道国决定因素时，本书提出了"利润空间"概念，并对其构成和影响因素进行了系统地概括。本书将东道国的可持续发展水平界定为"利润空间"的"宽度"，用以衡量"利润空间"的稳定性。在"利润空间"的"高度"（FDI 的收益与成本之差）一定的条件下，东道国可持续发展水平对 FDI 的流入具有正向作用。

四是界定了 FDI 与中国可持续发展相互作用的阶段性特征。基于对 FDI 与中国的可持续发展相互作用的实证检验结果，本书总结出了 FDI 与中国可持续发展相互作用的阶段性特征。首先，根据 FDI 在中国的技术溢出效应、人力资本效应和制度质量提升效应，以及 FDI 对可持续发展各系统作用的相关最优值，把 FDI 对中国可持续发展的作用分为六个阶段；其次，根据中国可持续发展对 FDI 作用的最劣值，将中国可持续发展对 FDI 的作用分为两个阶段。

当然，本书也难免存在一些需要进一步改进之处：一是受资料收集困难的限制，本书在国别经验研究部分所使用的主要样本数据的时间跨度太短，仅有 10 年时间（1997—2006 年），这在一定程度上影响了实证检验估计结果的一般性和稳定性。二是本书可以在总量分析的基础上，进一步分别研究不同类型 FDI 与东道国可持续发展之间的关系，可能也会得出一些很有意义的结论。

本书是作者在其博士学位论文基础上修改而成的，缘于我主持的一项国家自然基金项目（项目批准号：40671073）。在课题组里，周学仁博士承担了主要的研究性工作和事务性工作。作为周学仁博士的导师，对本书取得的成就感到由衷的欣慰，偏爱之情，在所难免，恳请各位专家批评赐教。借此机会，衷心地祝愿周学仁博士以本书的出版为新的起点，一如既往地常勤精进，在学术道路上走得更远，力争取得更多高水平的研究成果。

李东阳

2010 年 1 月

目　录

第一章

绪　论

第一节　研究目的、背景与意义

一　研究目的

本书选择的研究主题是外国直接投资（Foreign Direct Investment，简称 FDI）与东道国可持续发展的相互作用关系。与此选题相对应的两个重要的关键词是 FDI 和可持续发展，前者是经济学领域的一个较为重要的研究分支，后者涉及的研究范畴则宽泛得多，自然科学和社会科学领域的许多学科都在对可持续发展的有关问题进行研究。本书的研究目的是：利用经济学的基本理论和研究方法，找出 FDI 与东道国可持续发展之间存在的相互作用关系，提出相关问题的解决对策，从而为促进世界和中国的可持续发展做出贡献。

二　研究背景

（一）人类文明的延续呼唤可持续发展

1. 人类文明各发展阶段的人与自然关系

迄今为止，人类文明已经历了四个阶段：工具社会、农业社会、工业社会和后工业社会，目前正在向知识社会过渡。在人类文明的不同发展阶段，人类对人与自然关系的认识随着生产力水平的变化而变化。

在工具社会，人类把自身看成是大自然的"奴仆"，具体表现在：凡是对人类生存攸关的自然物，都被人类转换成图腾来顶礼膜拜；凡是人类不能理解的自然力，都被神化成超自然的神秘力量。在这一时期，人类形成了以自然为中心的"神灵中心主义"。

在农业社会，人类学会了如何种植庄稼、饲养禽畜和冶炼、锻造简单金属工具，已经开始通过科学的方法利用自然，并且意识到人类可以从一定程度上"征服自然"。但是，多数人仍是土地和宗教的"奴仆"，统治者决定着他们的生存。

在工业社会，人类的生产力得到了快速提高，已经能够制造出复杂的机器，社会化大生产开始了。人对机器的依赖程度极大提升，社会组织制度也取得了进步。人类在自然界中的主体意识越来越强烈，逐渐形成了"人类中心主义"。与"神灵中心主义"相比，"人类中心主义"把人与自然的关系彻底反转过来。

在后工业社会，仍然是机器决定着人的命运，只不过机器的"性能"和"用途"有了较大的飞跃。"人类中心主义"主宰了几乎整个工业文明社会，在工业时代早期，"人类中心主义"有了一定的积极作用。它消除了人类对自然的恐惧，使人类由被动接受自然界赐予的阶段过渡到主动利用自然规律创造更多财富的阶段，使人类摆脱了物质困乏的束缚，激励人类创造出更先进的生产方式和生产工具，客观上丰富和推动了人类文明的发展。

工业文明的发展，带来了一系列的新变化。全球经济的迅速发展使人类从蒸汽时代走到电气化时代，又很快进入电子时代和网络时代。"人类中心主义"创造了高度发达的文明，但人类却逐渐成为"自身发展的囚徒"。在利己主义和超强生产力作用的趋使下，人类正在破坏自然，破坏着人类自己的生存环境。

2. 人类面临的发展危机。人类的发展危机从根源上看是由"人口爆炸"引起的。梅多斯等在其《增长的极限》一书中提到，人口增长并非人们习惯认为的线性过程，而是指数型增长的过程。也就是说，不仅人口在增长，而且人口增长率也在增长。[①] 1650 年，世界人口数量大约是 5 亿，增长率为每年 0.3%，也就是说，近 250 年人口数才翻一番；1970 年，世界人口总数 36 亿，增长率为每年 2.1%，按此增长率，世界人口 33 年后就会翻一番。事实上，据《国际统计年鉴 2008》显示，2007 年，世界人口突破 66 亿。随着人类生育观念和各国人口政策的改变，世界人口增长率已经降为每年 1.1% 左右，但人口的快速增长势头仍在继续。

人口数量猛增的同时，人类的需求和生产活动也在急剧膨胀，而地球的环境承载力和资源储量是有限的，这就带来了一系列连锁的恶性后果，如环境恶化、资源耗竭、生态破坏等。

从环境上来看，二氧化碳和氟利昂物质的排放导致了酸雨沉降、全球气候变暖、海平面升高、极端恶劣天气频发、臭氧层被破坏等全球性环境问题。个别国家和地区，尤其是发展中国家的水污染、大气污染、固体废弃物等问题已十分尖锐。

从资源上来看，地球上的资源是有限的，对于不可再生资源来说尤其如此。据英国石油公司（BP）发布的《BP 世界能源统计 2008》显示，按照目前的消费速度，全球已探明储量的石油、天然气和煤炭分别仅够使用 41.6 年、60.3 年和 133 年（见表 1—1）。

---

① ［美］德内拉·梅多斯等：《增长的极限》，李涛、王智勇译，机械工业出版社 2006 年版，第 15—45 页。

表 1—1　部分不可再生资源的探明储量与储产比（2007）

能源品种	探明储量 *	单位	储产比（年）**
石油	1686	亿吨	41.6
天然气	177.36	万亿立方米	60.3
煤炭	8474.88	亿吨	133.0

注：* 探明储量：通过地质与工程信息以合理的肯定性表明，在现有的经济与作业条件下，将来可从已知储藏采出的石油储量。** 储产比（储量/产量比率）：假设将来的产量继续保持在某年度的水平，那么，用该年年底的储量除以该年度的产量所得出的计算结果就是剩余储量的可开采年限。

资料来源：英国石油公司（BP）：《BP 世界能源统计 2008》，BP 公司中文网站（www. bp. com. cn）。

　　从生态上来看，全球气候变暖和人类生产活动范围的不断扩大，已经和正在使大量的物种走向灭绝。世界自然保护联盟（IUCN）发布的《2007 年受威胁物种红色名录》显示，全球目前有 16306 种动植物面临灭绝危机，比 2006 年增加了 188 种，占所评估的全部物种的近 40%。梅休等人（P. J. Mayhew；G. B. Jenkins and T. G. Benton）的研究得出，不断上升的气温可能使地球上超过一半的物种在未来几个世纪内灭绝。[①]

　　3. 全球关注可持续发展问题。随着工业社会和后工业社会对自然生态的破坏日益严重，人类逐渐认识到：地球只有一个。传统的发展模式和工业文明已经走到了尽头，人类需要走上一条人与人之间和人与自然之间和谐统一、协调发展的道路，也就是走可持续发展的道路。

　　1972 年，联合国人类环境会议在瑞典斯德哥尔摩举行，通

[①]　Mayhew, P. J., Jenkins, G. B. and Benton, T. G., 2007, "A Long-term Association between Global Temperature and Biodiversity, Origination and Extinction in the Fossil Record", *Proceedings of the Royal Society B：Biological Sciences*, October 23.

过了《联合国人类环境会议宣言》，宣告了传统的发展模式和工业文明已经受到质疑和否定，一种新的发展模式即将出现。1978年，国际环境和发展委员会（WCED）首次在文件中正式使用了可持续发展概念。1987年，时任挪威首相布伦特兰夫人受联合国任命并主持"世界环境发展委员会"，该委员会就世界性的经济、社会、资源与环境进行了系统的调查研究，不久后向联合国提交了著名的专题报告——《我们共同的未来》，这份报告奠定了可持续发展理论研究和世界可持续发展政策的基础。1992年，在巴西里约热内卢举行的"联合国环境与发展大会"是人类有史以来最大的一次国际会议，大会取得的最有意义的成果是两个纲领性文件：《地球宪章》和《21世纪议程》，标志着可持续发展从理论探讨走向实际行动。2002年，联合国可持续发展世界首脑会议（也称"地球峰会"）在南非约翰内斯堡举行，回顾和审议了1992年环境发展大会所通过的《里约宣言》、《21世纪议程》等重要文件和其他一些主要环境公约的执行情况，并通过了《可持续发展世界首脑会议执行计划》、《约翰内斯堡可持续发展承诺》等文件，明确了全球未来10—20年人类拯救地球、保护环境、消除贫困、促进繁荣的世界可持续发展的行动蓝图。

2002年的可持续发展世界首脑会议，标志着全球的可持续发展由"共同的未来"走向"共同的行动"，可持续发展问题已成为世界各国普遍重视的问题。

因此可以说，人类目前面临的共同需求，是对可持续发展的需求。这个需求超越了地域、人种和物种的局限，承载着当前和未来的共同使命，是整个世界在时间和空间上摒弃"小我"，真正实现更高层次"大我"的需求。

（二）FDI与可持续发展之间的关系更加重要

1. 全球FDI正处在快速发展时期。20世纪80年代以来，经济全球化的进程不断加快对世界经济和社会发展产生了重要影响。在经济全球化趋势的带动下,全球 FDI 的发展不断加快(见图 1—1)。1981—1995 年,全球 FDI 年均流入流量从不到500 亿美元,稳步增长到 2535 亿美元,历时 15 年增长了 4 倍多。自 1996 年之后,全球 FDI 流入流量出现了两次快速增长:第一次是从 1996 年的 3289 亿美元快速增长到 2000 年的 14096 亿美元,历时五年增长了 3.3 倍;第二次是从 2003 年的 5579 亿美元增长到 2007 年的新历史峰值 18333 亿美元,五年时间增长了 2.3 倍。另据笔者计算,自 20 世纪 80 年代之后,全球 FDI 流入流量的年均增速约为 25%,而同期全球的国内生产总值(GDP)年均增速约为 6%;全球 FDI 流入流量占全球 GDP 的比重几乎与FDI 的发展趋势同步。由此可见,全球 FDI 不但正处在较快的发展时期,而且在世界经济中的地位越来越重要。

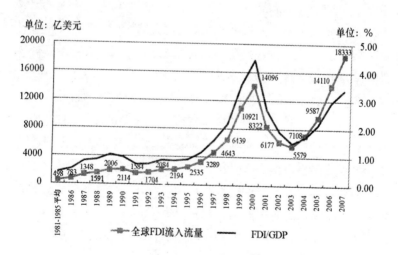

图 1—1 全球 FDI 流入流量(1981—2007 年)

资料来源:根据 1991—2008 年的《世界投资报告》整理。

2. FDI 与可持续发展之间的关系引起关注。就在全球 FDI 快速发展的过程中，世界各国政府和学术界都对 FDI 与东道国可持续发展之间的关系给予了更高的关注。很多国家（尤其是发展中国家）的政府，一方面在大力吸引 FDI，另一方面对 FDI 可能带来的负面影响也逐渐提高了警惕。它们的担心主要包括：FDI 有可能带来高投入、高能耗、高污染的项目，从而影响东道国的环境保护和经济增长方式；FDI 有可能在东道国某些产业形成高垄断或者高度竞争压力，从而影响东道国相应产业的发展，甚至威胁国家经济安全。于是，官方和学术界对 FDI 对东道国可持续发展的影响的研究和探讨逐渐增多起来。

在 20 世纪 60—70 年代，FDI 名声不佳，再加上依附理论对现代化理论的批评，FDI 的消极影响被放大了。20 世纪 90 年代之后，对 FDI 的研究才更为客观和公允。1992 年，联合国贸易和发展会议（UNCTAD）发布的《世界投资报告》就以"跨国公司：经济增长的引擎"为副标题，阐述了跨国公司对发展中国家的资本、技术、人力资源、贸易和环境等经济增长的作用。后来的《世界投资报告》更为具体分析了 FDI 的作用，同时它也为学术界对 FDI 溢出效应的研究奠定了基本分析框架。[①]

2001 年，经济合作与发展组织（OECD）举办了"国际投资全球论坛"，以"FDI 和可持续发展"为题，最终形成了一个工作报告。该报告认为：随着国际投资的增长，一个国家的可持续发展受到跨国公司的影响日益加深。一方面，厂商活动国际化程度越高，就越关注环境领域（资源管理和污染控制）和社会问题（收入分配和劳工标准）的管制。另一方面，跨国公司逐

---

① 陈继杰：《外商直接投资对可持续发展影响的研究综述》，《经济社会体制比较》2006 年第 6 期，第 72—77 页。

步开始回应公众对环境和社会问题的关注，公司的自愿性在提高。公司社会责任的提高也影响到可持续发展。OECD 重点对厂商层次提出了一系列的要求，比如执行公司行为准则、推行环境管理体系、实行环境绩效报告制度等。OECD 本身也在积极督促企业遵守这些准则。OECD 提出，FDI 的直接效果（如经济增长、生产转移、技术转让）和对可持续发展政策的影响应区别对待。OECD 也认为，FDI 对经济、社会和环境的溢出效应，可能有三种情况：一是对三者的溢出效应是同步的；二是对三者的溢出效应存在差异；三是通过其中一个方面（比如经济）对其他两个方面（社会与环境）有正溢出。①

2002 年的"地球峰会"的第一号经济简报系列就是以"FDI：可持续发展的领跑人？"为题。该报告提出了 FDI 和可持续发展的参考指标。经济层面：投资、生产力；社会层面：劳动标准和就业、教育；环境层面：最佳环境实践、环境保护。最后，它提出了 FDI 更好服务于可持续发展的三点建议：FDI 的准入和稳定性、跨国公司对社会责任投资、通过 ISO14001（国际环境质量认证标准）把环境管理系统纳入跨国公司治理体系。

2004 年，UNCTAD 与欧洲商学院可持续商业研究所一起发布"让 FDI 为可持续发展服务"的报告。2006 年，UNCTAD 出版的《世界投资报告》，对 FDI 对发展中母国经济体和东道国经济体的影响进行了系统阐述。其中，就 FDI 对发展中东道国经济体的资金流动和投资、技术和技能、国际贸易、就业及其他方面的影响，展开了较为全面的论述。

---

① OECD, 2001, "Foreign Direct Investment and Sustainable Development", *Financial Market Trends*, No. 79, pp. 107 – 131.

（三）中国的可持续发展问题与 FDI 的发展

1. 中国的高速经济增长带来资源和环境问题。中国经济的高速增长始于 20 世纪 70 年代末的改革开放，至今已历时三十余年。在此期间，中国经济保持了年均约 10% 的高速增长，综合国力上升的幅度居诸大国之最，中国经济总量占世界经济的份额已从 1978 年的 1.8% 提高到 2007 年的 6%（见表 1—2）。中国与世界主要发达国家的差距逐渐缩小，中国 2007 年的 GDP 达到 25.73 万亿元人民币，超越德国跃居世界第 3 位，仅次于美国和日本。

表 1—2　　　中国 GDP 与人均 GDP（1978—2007 中）

年份	GDP（亿元）	人均 GDP（美元）	增长率（%）	占世界 GDP 比重（%）
1978	3645.2	221.5	11.7	1.80
2000	99214.6	949.2	8.4	3.77
2001	109655.2	1041.7	8.3	4.26
2002	120332.7	1135.4	9.1	4.50
2003	135822.8	1273.6	10.0	4.44
2004	159878.3	1490.4	10.1	4.65
2005	183217.4	1715.5	10.4	4.99
2006	211923.5	2027.8	11.6	5.51
2007	257305.6	2561.0	13.0	6.00

资料来源：根据《中国统计年鉴 2009》和 1998—2009 年的《国际统计年鉴》整理计算。

然而，中国长期以来的粗放型经济增长方式，已经使资源和环境等问题越来越严重。从自然资源上来看，中国的资源储量已严重萎缩。中国以占世界 9% 的耕地、6% 的水资源、4% 的森林、1.8%的石油、0.7%的天然气、不足9%的铁矿石、不足5%的铜矿和不足2%的铝土矿，承载着世界20%的人口；大多数矿产资源人均占有量不到世界平均水平的一半，这种资源状况使中国的经济发展与资源供给之间产生了尖锐的供需矛盾。更令人担忧的是，中国资源利用效率低下，浪费严重。2007年，中国的GDP占世界6%，但却消耗了世界9.3%的石油、41.3%的煤炭、30%的钢材和54%的水泥。由于国内资源不足，到2010年，中国的石油对外依存度将达到57%，铁矿石将达到57%，铜将达到70%，铝将达到80%。到2020年，中国石油的进口量将超过5亿吨，天然气将超过1000亿立方米，两者的对外依存度将分别达到70%和50%。中国的经济运行将越来越严重地受到国际资源市场波动的干扰和冲击，进而对中国的经济安全构成威胁。①

在环境方面，据《全国环境统计公报（2007年）》显示，2007年，中国废水排放总量556.8亿吨，工业废气排放总量38.82万亿标立方米，工业固体废物产生量17.6亿吨。全国酸雨面积已占国土面积的1/3，有2/3的城市空气质量未达到国家二级标准。全国七大水系中一半以上的河段水质受到污染，1/3的水体不适于灌溉，饮用水污染严重。全国年排放生活垃圾1.5亿吨，固体废物总积存量超过60亿吨，大大超过了环境容量。

2. 中国的科学发展观。当中国经济发展遇到资源和环境"瓶颈"之时，人们才开始关注中国的可持续发展问题。其实，中国目前所面临的发展问题，早在20世纪中叶就埋下了祸根，即新中国成立之后的人口高速增长。

---

① 徐青：《循环经济：我国社会经济发展模式的必然选择》，《现代管理科学》2006年第2期，第25—28页。

据 1988 年和 2008 年的《中国统计年鉴》显示，1949 年中国的人口数量为 5.4 亿，至 2007 年，中国的人口数量已达到了 13.2 亿，是世界总人口 66 亿的 1/5。新中国成立六十余年来，中国大致经历了三次人口增长高峰期（见图 1—2）：第一次出现在 1949—1958 年的国民经济迅速恢复期，年均人口自然增长率为 2.04%；第二次出现在 1962—1975 年，中国在经历三年自然灾害之后进入调整和恢复期，年均人口自然增长率为 2.35%；第三次出现在实行改革开放政策后的头十年（1981—1991），年均人口自然增长率为 1.47%。此后，人口自然增长率不断下降，至 2007 年，中国人口自然增长率降至 0.517%，已低于世界人口平均自然增长率。

应该说，中国人口自然增长率自 20 世纪 60 年代至今一路走低，主要得益于中国的计划生育政策，这也是新中国成立之后较早的有关可持续发展的重要政策。1957 年，中国著名经济学家马寅初就提出了他的《新人口论》，主张提高人口质量，控制人口数量，并建议采取人口普查、宣传晚婚节育、实行计划生育等措施。[①] 但是，在当时的政治斗争中，马寅初的许多正确意见和建议被错误地当作新马尔萨斯人口论进行批判，这对后来中国的经济建设和人口问题的解决带来极为不利的影响。直到经历了三年自然灾害全国活活饿死了 4000 万人之后[②]，1962 年，中国政府才提出："在城市和人口稠密的农村提倡节制生育"；1964 年，成立了国务院计划生育委员会；1973 年，提出"晚、稀、少"的生育政策；1981 年，提出"限制人口数量，提高人口素质"；1982 年，

[①] 马寅初：《新人口论》，《人民日报》，1957 年 7 月 15 日。
[②] 吕廷煜：《中华人民共和国历史纪实：曲折发展（1958—1965）》，红旗出版社 1994 年版，第 36 页。

中国共产党的十二次人民代表大会确定"实行计划生育是一项基本国策",同年,计划生育政策被写入《中华人民共和国宪法》。

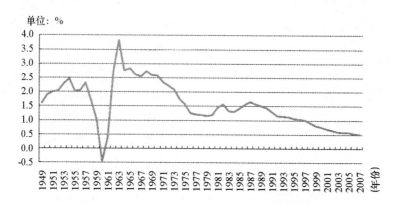

图 1—2　中国人口自然增长率（1949—2007 年）

资料来源：根据 1988 年和 2008 年的《中国统计年鉴》整理所得。

　　然而,在庞大的人口基数作用下,"人口多、底子薄"的基本国情一定就是几十年。带着 10 亿人口,中国开始了改革开放,走上了具有中国特色的发展道路。因为人多,要就业,要吃饭,所以中国出现了大量的劳动密集型产业。在经济增长投入要素中,技术和劳动力具有替代性,中国首先要解决劳动力的问题,因此技术的发展相对滞后;而技术落后,就必然导致高投入、高能耗、高污染和低效率的产业大行其道;同样因为人多,再加上技术水平低,所以劳动力成本低廉,世界制造业就会大量转移到中国,使中国顺理成章地成为世界工厂;成为世界工厂,而且是主要生产低端产品的世界工厂,就必然会消耗中国的大量自然资源,破坏生态环境。因此,回顾中国所走过的发展历程就会发现,因为人口多,中国选择粗放型的经济增长方式是必然之举,也是无奈之举。

历史无法改写，当代人就应该解决好当代面临的发展问题，并为子孙后代的发展创造良好的条件。自从 20 世纪 80 年代开始，中国开始逐步重视可持续发展问题，并参与和推行了一系列有效的政策和措施。1979 年以来，中国签署了一系列国际环境公约与协议，主要有《关于保护野生生物资源的合作协议》、《保护臭氧层维也纳公约》、《气候变化框架公约》、《生物多样性公约》、《荒漠化公约》等。中国政府于 1991 年 6 月在北京率先发起了发展中国家环境与发展部长级会议，会议通过了《北京宣言》，表明了中国政府对环境与发展的原则立场。1992 年，时任中国国务院总理李鹏率团参加了联合国环境与发展大会，在大会上发表了讲话并签署了包括《21 世纪议程》在内的多个承诺文件。1994 年，中国政府制定并通过了《中国 21 世纪议程——中国 21 世纪人口、环境和发展白皮书》，系统地提出了中国的可持续发展战略、政策和行动框架，这是全球第一部国家级的 21 世纪议程。《中国 21 世纪议程》是中国走向 21 世纪的政策指向，是制定国民经济和社会发展中长期计划的指导性文件。它将经济、社会、资源、环境视为密不可分的复合系统，构筑了一个综合性的、长期的、渐进的可持续发展战略框架。

2003 年 10 月，中共第十六届三中全会提出了科学发展观，并把它的基本内涵概括为："坚持以人为本，树立全面、协调、可持续的发展观，促进经济社会和人的全面发展"，坚持"统筹城乡发展、统筹区域发展、统筹经济社会发展、统筹人与自然和谐发展、统筹国内发展和对外开放的要求"。2007 年 10 月，在中共第十七大会议上，科学发展观被写入《中国共产党党章》。将可持续发展的思想纳入一个政党的执政理念并作为治国施政的原则和导向，这在世界政坛上是少有的。此举也充分显示出中国在推行可持续发展上，已经走出了坚实的步伐。

在可持续发展理论研究方面，针对中国国情，中国的学者们从 20 世纪 80 年代起就开始对可持续发展的思想进行研究和探讨。中国可持续发展问题的研究最早也是发端于自然学科的警示和道德伦理的讨论。在很长的一段时间内，研究的层次也只限于概念的争论、逻辑的思辨和政治的宣传。从 20 世纪 90 年代以后，一批经济学者开始介绍、引入和使用国外有关可持续发展问题的经济理论，并结合中国的具体情况加以分析。① 在发展的目标上，人们开始意识到不能单纯地追求 GDP 的增长，目标应当多元化，部分学者（牛文元等）在借鉴国外可持续发展指标体系的基础上，结合中国的实际情况提出了度量中国社会经济可持续发展程度的指标体系。② 1993 年，中国成立了可持续发展研究的全国性学术团体——中国可持续发展研究会。2003 年，中国开始逐步制定"绿色 GDP"核算体系，以矫正经济的发展目标。

3. 中国的 FDI 快速发展。改革开放以来，外资在中国经济高速增长的过程中发挥了重要的作用。1979 年至今，中国的 FDI 主要经历了三个发展阶段（见图 1—3）：

第一阶段：起步和低水平发展期（1979—1991 年）。中国的 FDI 流入流量维持在 10 亿—50 亿美元。这一时期，中国实际利用的外资中除了 FDI 还有较大部分是对外借款。

第二阶段：中水平高速发展期（1992—1998 年）。中国的 FDI 流入流量从 1992 年的 110.1 亿美元，增长到 1998 年的 454.6 亿美元。这一时期，中国的对外借款维持在 100 亿美元左右（2000 年之后已不纳入统计），而 FDI 在六年时间里增长了 3 倍。

---

① 潘家华：《持续发展途径的经济学分析》，中国人民大学出版社 1997 年版。蒲永健：《可持续发展经济增长方式的数量刻画与指数构造》，重庆大学出版社 1997 年版。王军：《可持续发展》，中国发展出版社 1997 年版。

② 牛文元：《持续发展导论》，科学出版社 1994 年版。

　　第三阶段：高水平快速发展期（1999 年至今）。在 1998 年亚洲金融危机之后的两年，中国的 FDI 流入流量小幅降至 400 亿美元。2001 年之后，以加入 WTO 为新的契机，中国的 FDI 流入流量由 400 多亿美元的水平，快速增长至 2007 年的 747.7 亿美元。这一时期，中国的 FDI 流入流量不但增长较快，而且数额越来越大，在全球 FDI 流入国中一直名列前茅。中国已成为最受全球跨国公司青睐的投资目标国之一。

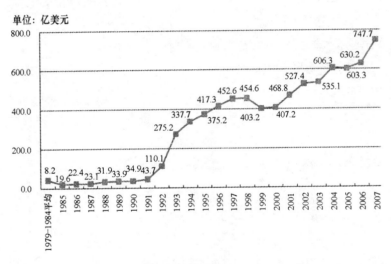

图 1—3　中国 FDI 流入流量（1979—2007 年）

资料来源：国家统计局：《中国统计年鉴 2008》，中国统计出版社 2008 年版。

　　据笔者计算，1985—2007 年，中国的 FDI 流入流量年均增长速度达到了 22.8%，远高于同期 GDP 约 10% 的年均增长速度；与此同时，中国 FDI 占 GDP 的比重从 20 世纪 80 年代的不足 1%，一度增长到 1994 年的最高值 6.04%，后因中国经济总量持续快速增长而使该比重逐步回落至 2007 年的 2% 以上的水平（见图 1—4）。

虽然从数据上来看，中国的 FDI 占 GDP 比重很小，但是 FDI 对中国经济、社会、资源和环境的影响还是得到了诸多关注。中国的政策制定者和学术界正在从正反两个方面看待 FDI 的作用。从 FDI 的正效应角度出发，中国引进 FDI 的政策导向逐渐由过去单纯注重数量，调整为"在提高引进 FDI 质量的同时增加 FDI 数量"，学术界较多地研究验证了 FDI 对中国经济增长的正效应、技术溢出效应、提升人力资本效应等；从 FDI 的负效应角度出发，中国以制定《反垄断法》为标志，加强了外资对中国经济安全可能产生的威胁进行了防范和相关规制，学术界有些学者研究得出了 FDI 已经威胁到中国产业安全、金融安全、能源安全和环境保护等的观点。有关 FDI 与可持续发展的研究，中国学者从 FDI 与经济增长、FDI 与环境规制、FDI 与资源利用等方面展开了多角度的研究，而将 FDI 与中国可持续发展的相互作用关系作为研究对象的研究尚不多见，这也正是本书研究所努力的方向。

单位：%

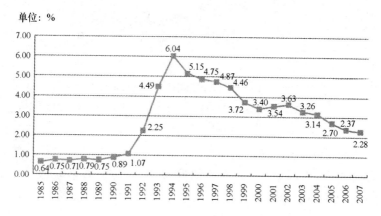

图 1—4   中国的 FDI 占 GDP 的比重（1985—2007 年）

资料来源：根据《中国统计年鉴 2008》整理计算所得。

三 研究意义

（一）理论意义

本书在研究过程中，力求在理论框架、模型设计和逻辑推理等方面，做出具有实质性的创新和发展，进而为国际直接投资理论和可持续发展理论的发展做出贡献。本书研究的理论意义主要体现在以下几点：

1. 有助于丰富可持续发展理论的研究内涵。将 FDI 与可持续发展结合起来进行研究，必然会拓宽可持续发展理论的研究范畴。就一国可持续发展问题进行研究，往往无法脱离就一国论一国的视角局限，而引入 FDI 变量，既充分考虑到了开放经济条件下的外部因素，还可以从全球视角对可持续发展问题进行一般研究，从而有助于丰富可持续发展理论的研究内涵。

2. 有助于丰富和推进 FDI 与东道国之间关系的研究。本书的研究旨在对 FDI 与东道国可持续发展之间的关系进行专门研究，而不是关于 FDI 与投资国，或是关于对外直接投资与投资国之间关系的研究，从而有助于深入地对 FDI 与东道国可持续发展各子系统之间的相互作用关系进行卓有成效的研究。已有的国际直接投资理论多是从投资国角度出发展开的研究，其对 FDI 与东道国之间关系的论述既不全面，也不深入。因此，本书的研究有助于丰富和补充 FDI 与东道国之间关系的研究。

3. 有助于为其他学者的相关研究提供参考。本书在研究过程中，借鉴了其他学者的有关研究，同时，本书的研究框架、计量模型、研究方法和基本观点，也将成为其他学者研究 FDI 与可持续发展相关问题的有益参考。这样，就有助于推动 FDI 与可持续发展问题的研究不断走向深入。

（二）实践意义

本书研究的实践意义主要体现在：本书研究所形成的关于FDI与东道国可持续发展之间相互作用关系的观点、关于FDI与中国可持续发展相互作用关系的论证，以及利用FDI促进中国可持续发展的相关政策建议，将为中国制定和调整外资政策和可持续发展政策提供有力的决策参考。进而，将为中国有效防范和治理外资流入引起的国家经济安全、资源过度开发与利用、环境恶化与生态破坏等问题，做出一定的贡献。

而且，本书为中国引进FDI和推动可持续发展所提出的政策建议，均进行了科学的定量化，设计了宏观政策的监控指标，从而有助于提高中国的外资政策和可持续发展政策的可控性。

第二节　基本概念内涵的界定

一　外国直接投资（FDI）

外国直接投资（FDI）是指一国（或地区）的居民实体（对外直接投资者或母公司）在其本国（地区）以外的企业（外国直接投资企业、分支机构或国外分支机构）中建立长期关系，享有持久利益并实行控制的投资。[①] FDI意味着投资者能够对其他国家的企业的管理施加显著影响。这种投资既涉及两个投资实体之间的交易，也涉及两者之间，以及法人或非法人的国外分支机构之间的所有后续交易。FDI的参与方既可以是企业实体，也可以是个人。

---

① 外国直接投资的定义来源于《2006年世界投资报告》（UNCTAD，2006），并参考了《外国直接投资定义的详细指标》（OECD，1996）和《国际收支手册》（IMF，1993）。

FDI与国际货币资本流动和国际商品资本流动具有本质区别，国际货币资本流动是国际金融学研究的对象，国际商品资本流动是国际贸易学研究的对象，FDI属于国际生产资本流动的范畴，是国际投资学的研究对象。① 本书所研究的FDI，主要是指制造业的FDI，而不包括金融类的FDI。② 但最近几年，私募股权基金和各种金融投资基金（如共同基金和对冲基金）也在大量地开展对外直接投资，这些基金参与被投资企业的资产管理，通过投入金融资源、建议、关系网和知识等要素，帮助被投资企业在几年之内快速成长，以赚取利润（主要以投资退出时的资本收益方式实现）。这种投资虽主要来自于金融服务公司或机构，但却具有FDI的特征，因此本书将其归为非金融类FDI加以研究。

FDI是由跨国公司主导和推动的，以实现利润最大化或分散风险为目的的国际经营行为，其必然要跨越不同的经济体（国家或地区）。这里需要指出的是，同一国家的不同关税区、货币区，以及同一关税区或货币区的不同成员国均属于不同的经济体，这些经济体之间的资本流动，也属于国际资本流动的范畴。③ 因此，从经济学的角度来讲，中国内地、中国香港特别行政区、中国澳门特别行政区和中国台湾省之间的投资，以及欧盟各成员国之间的投资，均属于国际投资行为。

从统计上来看，外国直接投资额有流量和存量之分。在一定时期内，FDI的流量表现为实时的量，FDI存量表现为累积的量。因此，对于不同的研究目的，FDI流量和FDI存量具有不同的用途。

---

① 李东阳：《国际直接投资与经济发展》，经济科学出版社2002年版，第4—6页。

② 按照中国商务部的统计口径，"非金融类FDI"指的是不包括银行、保险、证券等金融行业所引进的FDI。

③ 李东阳：《国际直接投资与经济发展》，经济科学出版社2002年版，第7—8页。

二　FDI 的外部效应

许多学者从不同的角度对 FDI 对东道国所能产生的外部效应进行了大量研究，其中，被广泛接受的 FDI 对东道国的效应主要有以下几种。

（一）FDI 的资本积累效应

FDI 的资本积累效应是指 FDI 的不断流入会增加东道国的资本存量，从而实现促进东道国经济增长的效果。在 FDI 通过资本积累效应影响东道国的经济增长的时候存在两种可能性，一种是 FDI 与国内资本之间存在替代性，那么 FDI 通过资本积累影响东道国经济增长的作用就会微乎其微；另外一种是 FDI 与国内资本之间存在互补性，那么 FDI 流入对东道国经济增长有较大的影响。

（二）FDI 的技术溢出效应

FDI 的技术溢出效应是指 FDI 流入东道国，会通过技术转移、技术合作、技术人才流动等途径，使东道国企业也掌握相应的先进技术，从而提高东道国企业的技术水平。

（三）FDI 的"干中学"效应

FDI 的"干中学"效应是指通过外资企业从业人员的边干边学，FDI 能够提高发展中东道国国内的人力资本、改善东道国国内公司的知识诀窍和管理技能等。卢卡斯（R. E. Lucas）强调了人力资本与一般知识的区别，指出人力资本是关于"特定人的知识或者一个民族的特定文化"，并且指出人力资本不同于劳动力，是通过教育和培训等投入才形成的。[①] 人力资本具有外部效益，由于人力资本可以互相传递，因此 FDI 的流入可以使发展

---

① Lucas, R. E., 1988, "On the Mechanics of Economic Development", *Journal of Monetary Economics*. 22, pp. 3 – 42.

中东道国的本土人才在跨国公司内部工作或者外部接触中通过"干中学"效应，获得相关的管理技能和知识诀窍，提高自身的人力资本。

（四）FDI 的制度变迁效应

在 FDI 流入发展中东道国的过程中，跨国公司带给东道国的与现代化相适应的制度要素和制度特征，必然对东道国的制度因素带来冲击，从而引致东道国的制度变迁。FDI 的流入主要从供给和需求两个方面对东道国的企业和政府带来制度变迁效应。对于企业方面，跨国公司对当地企业的示范效应和外溢效应，促使国内企业改革自身不适宜的制度范式，推动了产权清晰、激励机制有效和控制手段合适的现代企业制度建立。对于政府方面，FDI 的流入进一步增加了本国与国外的经济联系，使东道国的开放程度逐渐提高，为了促进经济持续稳定发展和市场有序竞争，迫使政府设计出一套产权规则并且在产权框架下发展出一组旨在增进绩效的法律、规章和制度。事实上，政府在产权制度、投资制度、税收制度、金融制度、外贸制度和市场化程度等方面所进行的改革，是国内企业和跨国公司发展所需要的，FDI 流入则从需求方面加快了进程的推进。

三 可持续发展

迄今为止，学术界关于可持续发展的定义并未达成一致。经济学、社会学和自然科学等学科分别从不同的角度对可持续发展的定义进行了阐述。

（一）从自然属性定义的可持续发展。生态学关于可持续发展的定义主要强调了生态持续性。1991 年 11 月，国际生态研究会（INTECOL）和国际生物学联合会（TUBS）联合举行的关于可持续发展问题的研讨会深化了可持续发展概念的自然属性，将其定义为："保护和加强环境系统的生产和更新能力"。还有学者从生物圈的角度定义可持续发展，认为其是寻求一种最佳的生态系统，以支持生态的完整性和人类愿望的实现，使人类的生存环境得以持续。①

（二）从社会属性定义的可持续发展。从可持续发展的社会属性角度来看，可持续发展的最终落脚点应是提高人类社会的社会质量。1991 年，世界自然保护同盟（IUCN），联合国环境署（UNEP）和世界野生生物基金会（WWF）对可持续发展的定义是："在生存于不超出维持生态系统涵容能力的情况下，改善人类的生活质量。"② 或者说是在环境允许的范围内，现在和将来给社会上所有的人提供充足的生活保障。③

（三）从科技属性定义的可持续发展。1992 年，美国世界资源研究所（WRI）认为，污染并不是工业活动不可避免的结果，而是技术差、效益低的表现，因此，可持续发展实际上是建立极少产生废料和污染物的工业或技术系统。④

（四）从经济属性定义的可持续发展。巴贝尔（E. B. Barbier）认为，可持续发展是在保持自然资源的质量及其所提供服务的前提下，使经济的净利益增加到最大限度。⑤ 世界银行在

---

① Munasinghe, M. and Shearer, W., 1996, *An Introduction to the Definition and Measurement of Biogeophysical Sustainability*, *Defining and Measuring Sustainability*, The Biogeophysical Foundations, New York.

② IUCN; UNEP and WWF, 1991, *Caring for the Earth: A Strategy for Sustainable Living*. London: Earthscan, pp. 1 – 20.

③ 张坤民：《可持续发展论》，中国环境科学出版社 1997 年版，第 26 页。

④ WRI, 1992, Global Biodiversity Strategy: Guidelines for Action to Save, Study and Use Earth's Biotic Wealth Sustainably and Equitably. WRI/IUCN/UNEP. World Resources Institute, Washington, DC.

⑤ Barbier, E. B., 1989, *Economics, Natural Scarcity and Development*. Lodon: Earthscan.

1992 年度的《世界发展报告》中称，可持续发展是指"建立在成本效益比较和审慎的经济分析基础上的发展和政策环境，加强环境保护，从而导致福利的增加和可持续水平的提高"①。

总体而言，上述从不同角度提出的可持续发展的定义还无法统一，不同学科之间还无法达成共识。从目前来看，1987 年布伦特夫人提交联合国的《我们共同的未来》的报告中，所提出的可持续发展的定义仍是大家普遍接受的，即可持续发展是"既满足当代人的需求，又不对后代人满足其自身需求的能力构成危害的发展"。在这个定义中，实际上包含了三个重要的层面：其一是"需求"，尤其是指世界上贫困人口的基本需求，应将这类需求放在特别优先的地位来考虑；其二是"限制"，这是指技术状况和社会组织对环境满足眼前和将来需要的能力所施加的限制；其三是"平等"，即各代之间的平等以及当代不同地区、不同人群之间的平等。

因此，可持续发展本质上是一种全人类发展的理想模式，它既强调人类的经济、社会与自然的环境、资源之间协调发展，也强调这种协调发展具有可持续性，归根结底是强调自然资源和人造资源在时间和空间上的公平性。

本书主要从经济学的角度界定可持续发展，并认为，一定区域的可持续发展是指该区域内不同代际之间的人均资本存量保持非递减的趋势，同时，在每个代际内的资本存量的生产和分配能够很好地兼顾效率与公平。

---

① Munasinghe, M. and McNeely, J., 1996, *Key Concepts and Terminology of Sustainable Development*, *Defining and Measuring Sustainability*, The Biogeophysical Foundations, New York, pp. 19 – 56.

第三节　文献综述

目前，学术界关于 FDI 与东道国可持续发展关系的研究文献并不太多。从 20 世纪 60 年代开始，国际直接投资理论和可持续发展理论就陆续产生了，但是这两种理论的各自发展几乎是平行的，二者之间的交集很少。现代主流的国际直接投资理论从产业组织理论和国际贸易理论两条主线出发，产生了海默（S. H. Hymer）的垄断优势论[1]、巴克莱和卡森（P. J. Buckley and M. C. Casson）等人的内部化理论[2]、蒙代尔（R. A. Mundell）的投资与贸易替代理论[3]、维农（R. G. Vernon）的产品周期理论[4]、小岛清（K. Kojima）的边际产业扩张理论等[5]。20 世纪 70 年代末，出现了将这两条研究主线进行融合的理论，即邓宁（J. H. Dunning）的国际生产折中理论[6]。同时，可持续发展理论也从主流经济学的相关理论中汲取营养，并产生了生态经济学、环境经济学、资源经济学和产权经济学等研究可持续发展问题的非主流经济学。

---

[1]　Hymer S. H. , 1976, *The International Operations of National Firms: A Study of Direct Foreign Investment*, Cambridge, MA: MIT Press.

[2]　Buckley, P. J. and Casson, M. , 1976, *The Future of the Multinational Enterprises*, London: Macmillan, pp. 69.

[3]　Mundell, R. A. , 1957, "International Trade and Factor Mobility", *the American Economic Review*, June, pp. 321 – 335.

[4]　Vernon, R. , 1966, "International Investment and International Trade in the Product Cycle", *Quarterly Journal of Economics*, 80, pp. 190—207.

[5]　Kojima, K. , 1978, *Direct Foreign Investment: A Japanese Model of Multinational Business Operation*, London: Croom Helm.

[6]　Dunning, J. H. , 1981, *International Production and the Multinational Enterprise*, London: Allen & Unwin.

理论现状是：在国际直接投资理论中，邓宁、小岛清等人的相关理论中，稍稍带有影响 FDI 的可持续发展因素的影子；FDI 的区位选择理论，是与可持续发展思想距离较近的理论；可持续发展理论中很少重点提及 FDI 因素。

可持续发展是一个关于"自然—社会—经济"的复杂的巨系统①，与其相比，FDI 涵盖的因素要少得多。虽然近些年 FDI 在全球的迅猛发展使其成为许多计量研究中的重要解释变量，但是迄今为止，关于 FDI 与东道国可持续发展相互作用关系，仍没有出现典型的计量模型和研究框架。国外的研究一般从三个方面来论述 FDI 对东道国可持续发展的影响：经济增长、环境保护和社会发展（OECD；Gallagher and Zarsky）。② 国内许多学者习惯于将可持续发展系统划分为若干个子系统进行评价和研究。综合来看，将可持续发展系统划分为经济、社会、环境和资源四个子系统的研究方式是较为合理的。③ 因此，考察 FDI 与东道国可持续发展的相互作用关系，就是考察 FDI 与东道国的"经济—社会—环境—资源"系统之间的相互作用关系。

一 FDI 与东道国经济增长关系综述

经济增长是经济可持续发展的必要条件。在短期内，经济增长并不一定意味着经济可持续发展，经济不增长也不一定意味着

---

① 牛文元：《持续发展导论》，科学出版社 1994 年版，第 3—23 页。

② OECD, 2001, "Foreign Direct Investment and Sustainable Development", *Financial Market Trends*, No. 79, pp. 107 – 131.

Gallagher, K. P. and Zarsky, L., 2005, "No Miracle Drug: Foreign Direct Investment and Sustainable Development", in Zarsky, L. ed., *International Investment for Sustainable Development: Balancing Rights and Rewards*, London: Earthscan, pp. 13 – 45.

③ 曾珍香、顾培亮：《可持续发展的系统分析与评价》，科学出版社 2000 年版，第 44 页。

经济发展是不可持续的，但在长期内，经济可持续发展离开了经济增长是无法实现的。[①] 多数学者认为，引进 FDI 能够促进东道国经济增长，但也有些学者认为这是有条件的。FDI 对东道国经济增长的作用，主要体现在 FDI 对促进经济增长的各投入要素（如资本、劳动力、技术等）的作用上。正如联合国跨国公司中心所指出的那样，在全球化、市场化和服务经济出现的背景下，FDI 对发展中国家经济增长的作用主要体现在五个方面：资本构成、技术、人力资源发展、贸易和环境。[②]

罗斯托（W. W. Rostow）认为，处在经济起飞阶段的发展中国家要想摆脱经济落后的困境，首先要实现资本积累。[③] 钱纳里和斯特劳特（H. B. Chenery and A. M. Strout）提出的"两缺口"理论认为，发展中国家可以通过引进 FDI 弥补"资本缺口"和"外汇缺口"，进而促进经济发展。[④] 在索洛（R. M. Solow）开创的新古典增长理论框架下，如果不存在外生技术变化，经济就会收敛于一个人均收入水平不变的稳定状态。[⑤] 因此，FDI 流入只能对东道国经济增长发挥水平效应，不能发挥增长率效应；FDI 流入只能在短期内影响东道国经济增长，长期内并不能改变总产出的增长率；即使 FDI 在短期内能对经济增长产生影响，也必须依赖稳态均衡增长路径。而在以罗默（P. M. Romer）和卢

---

① 于同申：《发展经济学——新世纪经济发展的理论与政策》，中国人民大学出版社 2002 年版，第 8—22 页。

② 联合国跨国公司中心：《1992 年世界投资报告——跨国公司：经济增长的引擎（中译本）》，储祥银等译，对外贸易教育出版社 1993 年版，第 17—23 页。

③ Rostow, W. W., 1960, *The Stages of Economic Growth: A Non - Communist Manifesto*, Cambridge: Cambridge University Press.

④ Chenery, H. B. and Strout, A. M., 1966, "Foreign Assistance and Economic Development", *The American Economic Review*, 56 (9), pp. 679 - 733.

⑤ Solow, R. M., 1956, "A Contribution to the Theory of Economic Growth", *Quarterly Journal of Economics*, 70 (1), pp. 65 - 94.

卡斯（R. E. Lucas）等为代表的经济学家提出的新增长理论框架下，知识、人力资本等要素内生化，使资本收益率可以不变甚至递增，人均产出也可以无限增长。① 因此，FDI可以通过多种途径影响经济增长。巴拉舒伯拉曼亚姆等人（V. N. Balasubramanyam, M. Salisu and D. Sapsford）认为，根据内生增长理论，FDI可被视为资本存量、技术诀窍和相关技术的组合，可以通过不同方式影响经济增长。②

许多学者认为，FDI与东道国经济增长的作用关系并不是简单的和绝对的，要发挥FDI对东道国经济增长的促进作用，东道国必须具备一些条件。阿伯拉莫维茨（M. Abramovitz）认为，东道国获益于FDI的前提条件是必须具备最低限度的社会能力，这里所讲的社会能力与必备的人力资本水平、经济和政治的稳定性、市场自由化程度以及充分的基础设施相关联。③ 伯伦斯坦等人（E. Borensztein, J. De Gregorio and J. W. Lee）认为，FDI本身对发展中东道国经济增长的积极影响是有限的，只有发展中东道国达到人力资本存量的最低极限水平，FDI才能发挥出更高的生产效率；东道国劳动力的教育水平越高，给定FDI流入量对发展中东道国经济增长的促进作用就越大。④ 德梅洛（L. De

---

① Romer, P. M. , 1986, "Increasing Returns and Long – Run Growth", *Journal of Political Economy*, 94, pp. 1002 – 1037.

Lucas, R. E. , 1988, "On the Mechanics of Economic Development", *Journal of Monetary Economics*, 22, pp. 3 – 42.

② Balasubramanyam, V. N. ; Salisu, M. and Sapsford, D. , 1996, "Foreign Direct Investment and Growth in EP and IS Countries", *The Economic Journal*, 106, pp. 92 – 105.

③ Abramovitz, M. , 1986, "Catching up, Forging ahead and Falling behind", *The Journal of Economic History*, 46, pp. 385 – 406.

④ Borensztein, E. ; De Gregorio, J. and Lee, J. W. , 1998, "How does Foreign Direct Investment Affect Economic Growth?" *Journal of International Economics*, 45, pp. 115 – 135.

Mello）运用时间序列法对 32 个国家的相关数据分析后发现，FDI 对经济增长的影响并不是单一的，其效果取决于 FDI 和国内投资的关系。只有当两者是互补关系时，FDI 对经济增长的贡献才是最优的。[①] 联合国贸发会议（UNCTAD）跨国公司与投资司的研究发现，在诸多解释性变量之中，FDI 流入量与教育水平相结合的变量（FDI 与教育的乘积）对东道国经济增长的影响最为显著。[②] 王志鹏和李子奈的研究发现，长期经济增长取决于 FDI 与国内资本的比例，FDI 对经济增长的作用具有鲜明的人力资本特征，各地区必须跨越一定的人力资本门槛才能从 FDI 中获益。[③] 于津平认为，FDI 在长期内会提高东道国的经济增长速度，但 FDI 对经济增长的影响程度关键取决于外资企业对内资企业技术进步的外溢效应。[④] 加拉格尔和加斯基（K. P. Gallagher and L. Zarsky）的研究发现，东道国要使 FDI 促进经济增长，必须使技术、人力资本、人权状况和体制环境发展到一定的水平。[⑤] 陈柳和刘志彪认为，在控制本土的技术创新能力之后，FDI 的技术外溢对经济增长的作用并不显著，但 FDI 与人力资本的交互作

① De Mello, L., 1999, "Foreign Direct Investment Improves the Current Account in Pacific Basin Economies", *Journal of Asian Economics*, (7), pp. 133 – 151.

② 联合国贸发会议跨国公司与投资司：《1999 年世界投资报告：外国直接投资和发展的挑战（中译本）》，冼国明译，中国财政经济出版社 2000 年版，第 353—359 页。

③ 王志鹏、李子奈：《外商直接投资、外溢效应与内生经济增长》，《世界经济文汇》2004 年第 3 期，第 23—33 页。

④ 于津平：《外资政策、国民利益与经济发展》，《经济研究》2004 年第 5 期，第 49—57 页。

⑤ Gallagher, K. P. and Zarsky, L., 2005, "No Miracle Drug: Foreign Direct Investment and Sustainable Development", in Zarsky, L. ed., *International Investment for Sustainable Development: Balancing Rights and Rewards*, London: Earthscan, pp. 13 – 45.

用仍能够促进经济增长。[①]

　　事实上，有些研究已表明，东道国的经济增长因素与 FDI 是相互影响的。例如，UNCTAD 跨国公司与投资司研究发现，与东道国经济增长高度相关的投资率（投资与 GDP 之比）和贸易率（进出口总额与 GDP 之比）均受到 FDI 的影响。反过来，东道国的高投资率（在长期内）和高贸易率（在长期和短期内）都对 FDI 的流入具有促进作用。[②] UNCTAD 为了分析各国未来引进 FDI 的潜在能力，首创了"吸引 FDI 潜力指数"。该指标包括八个变量，其中属于经济因素的有四个：人均 GDP、GDP 增长率、出口占 GDP 的比重、R&D 支出占国民总收入的比重，它们分别反映了东道国的人均国民收入、经济增长水平、贸易率和技术创新能力，并且对东道国吸引 FDI 的潜力具有重要的影响。[③]

　　并不是所有关于 FDI 与东道国经济发展关系的研究结论都是乐观的。卡多索和法莱图（F. H. Cardoso and E. Faletto）认为，跨国公司一方面把欠发达国家内部一些先进的经济部门与国际资本主义体系联系在一起，另一方面又使欠发达国家内部的落后经济部门依附于先进的经济部门，总体上形成一种"殖民地内在化"的效应，无助于欠发达国家本身的经济发展而只是服务于发达国家的需要。[④] 以普雷维什（R. Prebisch）等为代表的经济

---

　　① 陈柳、刘志彪：《本土创新能力、FDI 技术外溢与经济增长》，《南开经济研究》2006 年第 3 期，第 90—101 页。

　　② 联合国贸发会议跨国公司与投资司：《1999 年世界投资报告：外国直接投资和发展的挑战（中译本）》，冼国明译，中国财政经济出版社 2000 年版，第 353—359 页。

　　③ 联合国贸发会议：《2002 年世界投资报告：跨国公司与出口竞争力（中译本）》，冼国明译，中国财政经济出版社 2003 年版，第 29—37 页。

　　④ F. H. Cardoso and E. Faletto, 1979, *Dependency and Development in Latin America*, Berkeley and Los Angeles, CA: University of California Press.

学家着重研究了发展中国家的经济增长问题,明确指出了从发达国家输入外部投资,对发展中国家的经济进步可能带来严重的有害影响,通常结果是加深发展中国家内部的两极分化,对内部资本积累形成冲击,甚至形成"飞地"现象。[①]

关于 FDI 与中国经济增长的关系,已有不少学者进行了研究。沈坤荣和耿强基于中国的数据研究得出,FDI 的大量流入不仅有助于缓解东道国经济发展过程中的资本短缺,加快国民经济工业化、市场化和国际化的步伐,还可以通过技术外溢效应,使东道国的技术水平、组织效率不断提高,从而提高国民经济的综合要素生产率。[②] 程惠芳的研究表明,中国的 FDI 流入增长对经济增长和全要素生产率增长具有明显的促进作用,其原因与 FDI 流入规模和中国的人力资本水平有关。[③] 江小涓认为,外资经济不仅推动着中国工业的持续增长,而且改变着中国工业增长的方式,提高了中国工业增长的质量。[④] 桑秀国认为,FDI 与经济增长存在正相关关系,但是不能说 FDI 是中国经济增长的动因,相反,中国经济增长是 FDI 流入量增长的动因。[⑤] 张立群的研究表明,利用外资对中国经济增长具有明显影响:FDI 对中国当年

---

① Prebisch, R. , 1988, "Dependence, Development and Interdependence", in Ranis, G. and Schultz, T. P. eds. , *The State of Development Economic: Progress and Perspectives*, Oxford: Basil Blackwell, pp. 31–48.

② 沈坤荣、耿强:《外国直接投资、技术外溢与内生经济增长——中国数据的计量检验与实证分析》,《中国社会科学》2001 年第 5 期,第 82—94 页。

③ 程惠芳:《国际直接投资与开放型内生经济增长》,《经济研究》2002 年第 10 期,第 71—79 页。

④ 江小涓:《中国的外资经济——对增长、结构升级和竞争力的贡献》,中国人民大学出版社 2002 年版。

⑤ 桑秀国:《利用外资与经济增长———一个基于新经济增长理论的模型及对中国数据的验证》,《管理世界》2002 年第 9 期,第 53—63 页。

GDP 的影响在增长率上是 10:0.65；对下一年 GDP 的影响是 10：1.36。[1] 赵果庆认为，中国的 GDP 与 FDI 是相互推动的，FDI 具有增长的极限；GDP 的自主增长非常重要，这是中国国际竞争力提升的根本。[2]

有些学者还探讨了 FDI 对中国经济增长的负面作用。例如，孙（H. Sun）分析了 FDI 对中国区域经济增长的影响，提出 FDI 是导致改革开放以来东西部之间经济增长差异和收入不平等的最重要因素。[3] 魏后凯认为，FDI 对中国东部地区 GDP 增长具有十分显著的正效应，而对西部地区 GDP 增长的正效应并不显著。[4] 夏京文认为，FDI 流入对中国金融安全与产业安全产生不利影响，因而在一定程度上降低了中国经济发展的自主性与稳定性，影响了中国的经济安全。[5] 于津平对中国引进 FDI 政策的经济效应进行了计量分析，结果表明：无论是限制 FDI 还是对 FDI 采取过多的优惠政策，均不能使短期内国民利益达到最大；在技术外溢效应形成之前的短期内，优惠政策会造成短期福利水平下降；对不能带动内资企业发展的外资企业实行优惠政策会损害本国的短期和长期利益。[6]

---

① 张立群：《利用外资与中国经济增长的关系》，《改革》2005 年第 6 期，第71—76 页。

② 赵果庆：《中国 GDP - FDIs 非线性系统的动态经济学分析——中国 FDIs 有最优规模吗?》，《数量经济技术经济研究》，2006 年第 2 期，第 51—60 页。

③ Sun, H., 1998, *Foreign Investment and Economic Development in China*, 1979 - 1996, London：Ashgate Publishing Limited.

④ 魏后凯：《外商直接投资对中国区域经济增长的影响》，《经济研究》2002年第 4 期，第 19—28 页。

⑤ 夏京文：《FDI 利用对中国经济安全的影响》，《工业技术经济》2002 年第 3 期，第 119—121 页。

⑥ 于津平：《外资政策、国民利益与经济发展》，《经济研究》2004 年第 5 期，第 49—57 页。

二 FDI 与东道国社会发展关系综述

关于 FDI 与东道国社会发展的研究，主要是检验 FDI 对东道国的人均收入增长[①]、收入平等性、就业、劳动力流动、人力资本、社会福利和保障、劳动关系等方面的影响。

在许多研究中，人均收入与人均 GDP 几乎是相同的变量，因此 FDI 与东道国人均收入增长的关系，同 FDI 与东道国经济增长的关系是相似的。除了前文提到的影响条件，有些学者认为，要发挥 FDI 对东道国人均收入增长的促进作用，此二者本身也要达到一定的水平。当东道国初始人均收入水平较低，或者 FDI 规模较小时，FDI 对东道国人均收入增长的贡献并不显著。例如，布罗思托姆等人（M. Blomström，R. E. Lipsey and M. Zejan）、程惠芳均认为，只有在发达国家和人均收入水平较高的发展中国家，FDI 与人均收入增长之间的正相关性才是显著的。[②] 克鲁格曼（P. R. Krugman）调查发现，FDI 一般仅占发展中国家国内总资本构成的很少一部分（约3%），并不是收入增长的重要驱动力，并且这种情况在短期内不可能改变。[③] 卡马拉肯森和劳伦森（A. Kamalakanthan and J.

---

① 人均收入通常用人均 GDP 来衡量，它既属于经济因素，又属于社会发展因素，因为该变量常被用来反映一国居民的平均工资水平和生活水平。例如，联合国发展规划署在"人类发展指数"中用人均 GDP 来反映一国居民的财富水平和生活水平（UNDP，2001）。因此，本书将那些侧重于研究 FDI 与东道国人均收入之间关系的文献放在社会发展部分进行综述。

② Blomström, M.; Lipsey, R. E. and Zejan, M., 1994, "What Explains Developing Country Growth?" *NBER Working Paper*, No. 4132.

程惠芳：《国际直接投资与开放型内生经济增长》，《经济研究》2002 年第 10 期，第71—79 页。

③ Krugman, P. R., 1993, "International Finance and Economic Development", in Giovannini, A. ed., *Finance and Development: Issues and Experience*, Cambridge: Cambridge University Press, pp. 11 – 24.

Laurenceson）通过对中国和印度实际情况的研究，证明了克鲁格曼的观点在一定程度上是正确的，他们认为 FDI 的规模仍是决定 FDI 对东道国人均收入增长影响的关键因素。[1]

关于 FDI 与东道国收入平等性的关系，多数学者认为 FDI 会加剧东道国的收入不平等。学术界一般将 FDI 引起的东道国收入不平等分为三类：一是东道国地区间的收入不平等，这主要是由 FDI 在东道国的区位选择引起的。卡马拉肯森和劳伦森调查发现，进入中国和印度的外资的一个显著性质是过度集中于沿海地区，从而造成了沿海和内陆地区间的收入差距。二是东道国外资企业与内资企业劳动者的收入不平等，很多学者对此进行了实证检验，结果较为一致（Aitken and Harrison，et al.；Conyon，et al.；Driffield and Girma；Lipsey and Sjoholm；Feliciano and Lipsey）。[2] 三是 FDI 流入引起东道国熟练劳动和非熟练劳动的收入

① Kamalakanthan, A. and Laurenceson, J., 2005, "How Important is Foreign Capital to Income Growth in China and India?" *Discussion Paper*, No. 4, East Asia Economic Research Group, School of Economics, The University of Queensland.

② Aitken, B.; Harrison, A. and Lipsey, R. E., 1996, "Wages and Foreign Ownership: A Comparative Study of Mexico, Venezuela, and the United States", *Journal of International Economics*, Elsevier, 40 (3-4), pp. 345-371.

Conyon, M. J.; Girma, S.; Thompson, S. and Wright, P., 2002, "The Productivity and Wage Effects of Foreign Acquisition in the United Kingdom", *Journal of Industrial Economics*, 50, pp. 85-102.

Driffield, N. and Girma, S., 2003, "Regional Foreign Direct Investment and Wages Spillovers: Plant Level Evidence from the UK Electronics Industry", *Oxford Bulletin of Economics and Statistics*, 65, pp. 453-474.

Lipsey, R. E. and Sjoholm, F., 2004, "Foreign Direct Investment, Education and Wages in Indonesian Manufacturing", *Journal of Development Economics*, Elsevier, 73 (1), pp. 415-422.

Feliciano, Z. M. and Lipsey, R. E., 2006, "Foreign Ownership, Wages, and Wage Changes in U. S. Industries, 1987-1992", *Contemporary Economic Policy*, Oxford: Oxford University Press. 24 (1), pp. 74-91.

差距加大。德里菲尔德和泰勒（N. Driffield and K. Taylor）发现，FDI对美国制造业内部熟练劳动和非熟练劳动之间的工资差距有显著影响。[①] 沈毅俊和潘申彪的研究发现，由于初始状况和外资份额不同，FDI对发展中国家收入不平等的影响与发达国家可能不同。外资占经济体资本总额比重越高，越有可能恶化收入不平等问题。[②]

一般而言，收入差距的存在必然会引起劳动力的流动和就业结构的变化。克鲁格曼认为，劳动力会受市场潜力吸引，向实际工资报酬较高的地区迁移。[③] 克洛泽（Crozet）利用欧洲五个国家的双边劳动力迁移的数据验证了克鲁格曼的观点。[④] 黄玖立和黄俊立利用1997年的数据，测算出中国FDI存量比对流动劳动力比例的弹性为0.35—0.44，即该存量比每增加1%，就能使流入该地区的劳动力增加0.35%—0.44%。[⑤] 张二震和任志成研究得出，FDI促进中国就业结构演进主要有两个路径：一是推进农业劳动力向非农产业转移；二是促进劳动力素质结构升级。[⑥]

UNCTAD跨国公司与投资司认为，FDI对全球就业市场产生

① Driffield, N. and Taylor, K., 2000, "FDI and the Labour Market: A Review of the Evidence and Policy Implications", *Oxford Review of Economic Policy*, 16 (3), pp. 90 – 103.

② 沈毅俊、潘申彪：《开放经济下FDI流入对地区收入差距影响的模型分析》，《经济问题探索》2007年第5期，第63—66页。

③ Krugman, P. R., 1991, "Increasing Returns and Economic Geography", *Journal of Political Economy*, 99, pp. 483 – 499.

④ Crozet, M., 2004, "Do Migrants Follow Market Potentials? An Estimation of a New Economic Geography Model", *Journal of Economic Geography*, 4 (4), pp. 439 – 458.

⑤ 黄玖立、黄俊立：《中国跨省农村劳动力流动的实证分析（2005年第五届经济学年会交流论文）》，http://www.cenet.org.cn/cn/CEAC/2005in/ldrk010.doc，2005。

⑥ 张二震、任志成：《FDI与中国就业结构的演进》，《经济理论与经济管理》2005年第5期，第5—10页。

了相当大的影响。FDI 为东道国创造就业的潜力，及其对东道国提升就业质量和劳动力基本技能的作用，主要取决于该东道国所引进 FDI 的规模、类型和跨国公司的投资战略。[①] 桑百川认为，当 FDI 采用新建投资方式时，一般会带来新的就业机会，但如果采取跨国并购投资方式，其能否增加东道国就业就是一个不确定的问题。如果外资企业进一步扩大投资就有可能增加就业，但是如果它采用先进技术和资本替代劳动力则可能减少就业。[②] 蔡昉和王德文利用中国的数据研究发现，虽然 FDI 就业在整个就业中的比重还不高，但由于其在城乡增长速度都异常快，使得 FDI 就业在城乡就业增长中贡献份额很大：全部 FDI 就业对城乡全部就业增长的贡献率，从 1988 年的 1.5% 提高到 2001 年的 18.4%。[③] 朱金生认为，中国的劳动力就业存在区域就业差异，这与 FDI 的区域偏向和选择有很大的关联性，其作用机理在于，FDI 的直接效应和间接效应带来了区域间就业机会特别是非农就业机会的转移。[④] 王剑认为，FDI 对中国就业不仅存在着积极的直接拉动效应，而且还通过挤出国内投资和提升生产率水平对国内就业产生负面的间接抑制效应，但总的效应是积极的。[⑤] 李东阳认为，FDI 对中国就业的直接效应是多重的，既有正效应，也有负效

[①] 联合国贸发会议跨国公司与投资司：《1999 年世界投资报告：外国直接投资和发展的挑战（中译本）》，冼国明译，中国财政经济出版社 2000 年版，第 287—307 页。

[②] 桑百川：《外商直接投资企业对我国的就业贡献》，《开放导报》1999 年第 4 期，第 31—32 页。

[③] 蔡昉、王德文：《外商直接投资与就业——一个人力资本分析框架》，《财经论丛》2004 年第 1 期，第 1—14 页。

[④] 朱金生：《FDI 与区域就业转移：一个新的分析框架》，《国际贸易问题》2005 年第 6 期，第 114—119 页。

[⑤] 王剑：《外国直接投资对中国就业效应的测算》，《统计研究》2005 年第 3 期，第 29—32 页。

应，还有转移效应，总体效应为正。①

有些学者认为，FDI 对东道国的社会福利会产生一定的负面影响。例如，韦伯等人（M. Webber，M. Wang and Y. Zhu）对中国的 FDI 与劳动关系进行了分析，研究结果认为，由于政府监管不力和地方政府之间"招商引资"的竞争，降低了对《劳动法》和相关的劳动者权益保障法规和规章的执行，导致劳动条件、职工权益等受到很大的不利影响。② 朱东平的研究发现，即使发展中国家拥有生产成本相对低廉的优势，发达国家企业对发展中国家的 FDI 也只有在溢出效应较小时才可能发生。但这种情况下的 FDI 有可能损害发展中国家的同类竞争企业，甚至损害发展中国家的社会福利。当然，这并不意味着引进 FDI 必然损害发展中国家的利益，引进 FDI 对发展中国家所产生的福利效果在很大程度上取决于 FDI 的性质、发展中国家成本优势的大小和东道国对知识产权的保护力度等因素。③

许多研究也表明，东道国的社会发展因素对吸引 FDI 流入具有重要影响。例如，UNCTAD 跨国公司与投资司在研究过程中发现，FDI 流入量与东道国教育水平之间的相互作用非常显著。④ 在 UNCTAD 提出的"吸引 FDI 潜力指数"的变量中，有三个变量属于社会发展因素：人均 GDP⑤、每千居民的电话线路数、本

---

① 李东阳：《国际直接投资与经济发展》，经济科学出版社 2002 年版，第 274 页。

② Webber, M.; Wang, M. and Zhu, Y., 2002, *China's Transition to a Global Economy*, New York: Palgrave Macmillan.

③ 朱东平：《外商直接投资、知识产权保护与发展中国家的社会福利——兼论发展中国家的引资战略》，《经济研究》2004 年第 1 期，第 93—101 页。

④ 联合国贸发会议跨国公司与投资司：《1999 年世界投资报告：外国直接投资和发展的挑战（中译本）》，冼国明译，中国财政经济出版社 2000 年版，第 353—359 页。

⑤ 该因素归类于社会发展因素的解释同第 32 页注释①。

科学生人数占总人口的比重，它们分别反映了东道国的居民生活水平、基础设施水平和教育水平。沈坤荣和田源的研究认为，除了市场容量、劳动力成本、市场化水平等因素以外，人力资本存量是影响 FDI 区位选择和规模的重要因素。[①] 蔡昉和王德文研究发现，FDI 在中国的区位选择主要集中在东部沿海经济发达地区和制造业，这种结果实际上与刚性的工资制度、劳动力市场发育状况、产业的开放程度密不可分。[②] 赵江林认为，中国现有的人力资本水平对吸引 FDI 的规模、质量、结构以及效果起着重要、甚至决定性的作用。[③] 陈飞翔和郭英认为，人力资本和 FDI 都是一国经济增长的驱动因素，但两者并不独立，而是互为补充的；FDI 能够对东道国的人力资本开发起到重要作用，同时，东道国人力资本开发也会对引进 FDI 产生影响。[④]

三 FDI 与东道国环境发展关系综述

现代主流的 FDI 理论极少就 FDI 对东道国环境的影响予以关注，某些理论甚至为 FDI 流入对东道国环境发展所造成的负面影响提供了潜在的理论依据。维农（R. Vernon）的"产品周期论"认为，通过对外直接投资，发达国家向发展中国家转移的是处于标准化阶段的、相对过时的技术。[⑤] 小岛清（K. Kojima）

---

① 沈坤荣、田源：《人力资本与外商直接投资的区位选择》，《管理世界》2002年第 11 期，第 26—31 页。

② 蔡昉、王德文：《外商直接投资与就业——一个人力资本分析框架》，《财经论丛》2004 年第 1 期，第 1—14 页。

③ 赵江林：《外资与人力资源开发：对中国经验的总结》，《经济研究》2004年第 2 期，第 47—54 页。

④ 陈飞翔、郭英：《人力资本和外商直接投资的关系研究》，《人口与经济》2005 年第 2 期，第 34—38 页。

⑤ Vernon, R., 1966, "International Investment and International Trade in the Product Cycle", Quarterly Journal of Economics, 80, pp. 190–207.

的"边际产业扩张论"认为，就发达国家来讲，对外直接投资应从本国已经处于或即将处于比较劣势的产业（即边际产业，包括边际性产业、边际性企业和边际性部门等）依次进行。[①] 这些"处于标准化阶段的技术"和"边际产业"极有可能不符合发达国家日益严格的、新的环保标准，或者为了达到新的环保标准而需要追加投资和提高成本。依据"环境库兹涅茨曲线假说"，随着发达国家人均收入水平的大幅提高，环境污染水平早已超过倒"U"形曲线的最高点，环境规制标准更为严格，必然使得大量被淘汰的高耗能、高污染产业（多处于产品标准化阶段或多为边际产业），由发达国家向发展中国家转移。[②]

对于上述观点，主要的支持理论是颇有争议的"污染避难假说"，它最早由沃尔特和尤格洛提出（I. Walter and J. L. Ugelow）。[③] 该理论的核心观点是：随着国家间 FDI 的流动规模不断加大，出于对经济收入和政治的考虑，丰裕的环境资源常常诱导发展中国家放松环境管制，从而使污染密集产业不断从发达国家向发展中国家转移。鲍莫尔和奥茨（W. J. Baumol and W. Oates）从理论上对"污染避难假说"进行了系统的证明，并认为如果发展中国家实施较低的环境标准，则这些国家将变成为世

---

① Kojima, K. , 1978, *Direct Foreign Investment: A Japanese Model of Multinational Business Operation*, London: Croom Helm.

② Kuznets, S. S. , 1955, "Economy Growth and Income Inequlity", *The American Economic Review*, 45 (2), pp. 1 – 28.

③ Walter, I. and Ugelow, J. L. , 1979, "Environmental Policies in Developing Countries", *Ambio*, 8, pp. 102 – 109.

Walter, I. , 1982, "Environmentally Induced Industrial Relocation to Developing Countries in Environment and Trade", In Rubin, S. J. and Graham, T. R. eds. , *Environment and Trade: The Relation of International Trade and Environmental Policy*, Totowa, New Jersey: Allenheld and Osmun, pp. 67 – 101.

界污染集中地。① 戴利、埃斯蒂等人（H. E. Daly；D. C. Esty；D. C. Esty and D. A. Geradin）均认为，在贸易自由化的背景下，各发展中国家为了吸引更多的 FDI，势必会纷纷降低本国的环境规制标准以维持或增强竞争力，其结果必然出现环境规制的"竞次"（race to bottom）现象，最终将导致全球环境恶化。② 劳和耶茨（P. Low and A. Yeats）的研究发现，在环境规制比较宽松的贫穷国家，污染密集型产业在绝对数量和相对数量方面都有所增加。③

当然，也有学者认为，FDI 对东道国的环境质量并不完全具有负面影响。范豪特温和伦奇（C. H. Van Houtven and C. F. Runge）研究发现，随着时间的推移，FDI 对东道国环境的影响将归结为三个效应：规模效应、结构效应和技术效应。其中，只有规模效应会加剧东道国环境恶化，而结构效应和技术效应则会使东道国环境状况大大改善。④ UNCTAD 跨国公司与投资司认为，FDI 对发展中东道国环境的影响效果尚没有定论，其主要取

① Baumol, W. J. and Oates, W., 1988, *The Theory of Environmental Policy*, Cambridge: Cambridge University Press.

② Bhagwati, J. and Daly, H. E., 1993, "Debate: Does Free Trade Harm the Environment?" *Scientific American*, (10), pp. 17 – 19.

Esty, D. C., 1994, Greening the GATT: *Trade, Environment and the Future*. Washington, DC: Institute for International Economics.

Esty, D. C. and Geradin, D. A., 1997, "Market Access, Competitiveness, and Harmonization: Environmental Protection in Regional Trade Agreements", *The Harvard Environmental Law Review*, 21 (2), pp. 265 – 336.

③ Low, P. and Yeats, A., 1992, "Do 'Dirty' Industries Migrate?" in Low, P. ed., *International Trade and the Environment*, Washington DC, World Bank Discussion Paper, No. 159, pp. 89 – 103.

④ Van Houtven, C. H. and Runge, C. F., 1993, "GATT and the Environment: Policy Research Needs", *American Journal of Agricultural Economics*, 75 (3), pp. 789 – 793.

决于 FDI 的污染密集型产业参与度、跨国公司环境管理的有效性和清洁技术的转让程度。[①]

刘渝琳和温怀德认为，从中国的情况来看，整体上已出现"污染避难所"现象。[②] 夏友富的研究发现，外国投资者在中国污染产业（尤其是高度污染产业）的投资已占有相当的比重，污染转移倾向比较显著。[③] 祖强和赵珺通过对 2005 年中国引进 FDI 的产业分布状况研究后得出的结论认为，中国吸引的 FDI 主要分布在污染密集型产业，占整个投资企业数的 84.19%，而且这些污染密集型产业基本上都属于发达国家的"边际产业"，比较符合日本学者小岛清的"边际产业扩张论"。[④]莱文森（A. Levinson）、李斯特和寇（J. A. List and C. Y. CO）认为，从 FDI 的区位分布来看，中国的环境规制在 FDI 的区位选择方面发挥了重要作用。[⑤] 林德莱尔和朗格沃尔（M. Linde – rahr and C. Ljungwall）检验了环境政策是否是 FDI 在中国区位选择的决定性因素，结果发现：对东部地区来说，环境政策变量在统计上并不显著，并非是吸引 FDI 的有效工具；对中部地区来说，两变量呈

---

① 联合国贸发会议跨国公司与投资司：《1999 年世界投资报告：外国直接投资和发展的挑战（中译本）》，冼国明译，中国财政经济出版社 2000 年版，第 317—333 页。

② 刘渝琳、温怀德：《经济增长下的 FDI、环境污染损失与人力资本》，《世界经济研究》2007 年第 11 期，第 48—56 页。

③ 夏友富：《外商投资中国污染密集产业现状、后果及其对策研究》，《管理世界》1999 年第 3 期，第 109—123 页。

④ 祖强、赵珺：《FDI 与环境污染相关性研究》，《中共南京市委党校南京市行政学院学报》2007 年第 3 期，第 37—41 页。

⑤ Levinson, A., 1996, "Environmental Regulations and Manufacturers' Location Choices: Evidence from the Census of Manufactures", *Journal of Public Economics.* 62 （1 – 2）, pp. 5 – 29.

List, J. A. and CO, C. Y., 2000, "The Effects of Environmental Regulations on Foreign Direct Investment", *Journal of Environmental Economics and Management.* 40, pp. 1 – 20.

显著的负相关关系,即环境政策水平对 FDI 具有决定性影响;对西部地区来说,两变量呈负相关关系,但统计意义并不显著。[①]綦建红和鞠磊研究得出,中国东部地区的环境规制与吸引 FDI 之间存在着稳定的正相关关系,而中部地区和西部地区则表现为明显的负相关关系;环境规制不是引起 FDI 变化的格兰杰原因,相反,FDI 是引起环境规制变化的格兰杰原因。[②] 对于如何从根本上消除 FDI 给中国环境发展带来的不利影响,刘渝琳和温怀德认为,提高人力资本是一条有效的途径,高人力资本不但有利于经济增长,而且有利于引进更多优质的 FDI 和遏制环境污染。[③]

四 FDI 与东道国自然资源开发关系综述

现代主流的国际直接投资理论是将自然资源禀赋作为东道国引进 FDI 的区位优势来界定的。邓宁(J. H. Dunning)提出的具有折中意义的 OLI 范式认为,跨国公司的对外直接投资必须具备所有权优势、内部化优势和区位优势。区位优势特指东道国与投资国相比较而具有的优势,包括自然资源丰富、地理距离适当、低廉劳动力成本等因素。[④] 小岛清(K. Kojima)根据其动

① Linde – rahr, M. and Ljungwall, C., 2003 "Foreign Direst Investment, Development and Environmental Policy in China", Working Paper, Göteborg University.

② 綦建红、鞠磊:《环境管制与外资区位分布的实证分析——基于中国 1985—2004 年数据的协整分析与格兰杰因果检验》,《财贸研究》2007 年第 3 期,第 10—16 页。

③ 刘渝琳、温怀德:《经济增长下的 FDI、环境污染损失与人力资本》,《世界经济研究》2007 年第 11 期,第 48—56 页。

④ Dunning, J. H., 1977, "Trade, Location of Economic Activity and the Multinational Enterprise: A Soarch for an Eclectic Approach", in B. Ohlin Per Ove Hesselbom and Per Magnus Wijkman ed. *The International Allocation of Economic Activity*. London: Macmillan.

Dunning, J. H., 1981, *International Production and the Multinational Enterprise*, London: Allen & Unwin.

Dunning, J. H, 1993, *The Theory of Transnational Corporations*. London: Routledge.

机，把对外直接投资分为自然资源导向型、市场导向型、生产要素导向型和生产与销售国际化导向型，其中，自然资源导向型对外直接投资的基本动机就是获取或利用东道国的自然资源。①UNCTAD 认为，由于亚洲国家对石油、天然气和金属矿产品需求量进一步增加，使得全球矿产资源开发和提炼领域的投资规模增长扩张，尤其是在矿产资源较丰富的非洲国家更是如此。处于不同行业的跨国公司的海外扩张动机各异，采掘业跨国公司对外投资的驱动力和决定因素视经营活动、产业和公司等特点而有所不同，进行对外直接投资或以其他形式参与上游活动（如勘探和采掘）的主要动机是寻求自然资源。跨国公司参与采掘业投资，将会对东道国经济、环境、社会和政治等方面会产生积极或消极的影响。②

自然资源具有两重性，它既是人类生存和发展的基础，又是环境要素，因而自然资源开发与环境问题是息息相关的。UNCTAD 进一步认为，矿产资源采掘活动，不论投资主体是谁，都会造成环境成本。跨国公司在这方面既可产生消极作用，又可发挥积极作用。一方面，由于跨国公司参与了资源采掘（而在没有其参与的情况下根本就不会有这种采掘活动），将使东道国的环境更加恶化。另一方面，与东道国国内公司（包括个体采矿和小型矿）相比，跨国公司使用了更先进的生产技术、采用了更高的环境管理标准并加以传播，又可减少不利的环境后果。

尽管 FDI 的技术、管理等溢出效应有可能提高东道国资源开

① Kojima, K., 1978, *Direct Foreign Investment: A Japanese Model of Multinational Business Operation*, London: Croom Helm.

② UNCTAD, 2007, *World Investment Report* 2007: *Transnational Corporations, Extractive Industries and Development*, New York: United Nations Publication.

发和利用的效率，但是，对任何一个国家来说，不论自然资源是否丰富，无休止地开发和利用终究会出现资源枯竭的一天。瓦克纳格尔等人（M. Wackernagel, et al.）利用其提出的"生态占用"（ecological footprint）模型①，测算出人类资源的使用量于1999年就已超过了地球承载能力的20%。梅多斯等人（Donella H. Meadows, et al）利用改进的World3模型进行多种场景模拟，得出在人口数量和自然资源使用量以"指数型增长"的情况下，许多资源都已处于或即将处于"过冲"（overshoot）状态，面临着崩溃的威胁。②

　　一般而言，FDI与东道国自然资源开发的关系不是直接的，而是间接的。大多数FDI并不直接参与东道国的资源开发，甚至不直接使用自然资源。因为，不同国家针对FDI参与本国资源采掘业的政策是不同的，从完全禁止FDI参与本国资源开采业（例如，墨西哥和沙特阿拉伯的石油工业），到几乎完全依赖FDI的参与（例如，加纳和马里的金属矿业，或者阿根廷和秘鲁的石油与天然气开采业），不一而足。UNCTAD认为，无论是否有FDI参与，东道国的政策和体制质量都是保证东道国从自然资源开发中获取可持续发展收益的决定因素。③ 罗浩通过扩展新古典索洛模型证明，在特定技术条件下，自然资源的固定禀赋最终将

---

① 瓦克纳格尔（M. Wackernagel, 1999）等人对"生态占用"的定义是：为国际社会提供资源（粮食、饲料、树木、鱼类和城市用地）和吸收排放物（二氧化碳）所需要的土地面积。参见 Wackernagel, M. et al., 1999, "Tracking the Ecological Overshoot of the Human Economy", *Proceedings of the Academy of Science paper*, No. 14: 9266 – 9271。

② 德内拉·梅多斯等（2006）对"过冲"的解释是"走过头了，意外地而不是有意地超出了界限"。参见：[美] 德内拉·梅多斯，乔根·兰德斯，丹尼斯·梅多斯：《增长的极限》，李涛、王智勇译，机械工业出版社2006年版。

③ UNCTAD, 2007, *World Investment Report* 2007: *Transnational Corporations*, *Extractive Industries and Development*, New York: United Nations Publication.

使经济增长停滞，并给出解决资源瓶颈的两种机制：一是产业转移，即在开放条件下，厂商为摆脱本地资源"瓶颈"，通过向外地转移资本和劳动以利用外地的自然资源，从而带动该后起地区的经济增长；二是技术进步，即在封闭条件下，厂商将一部分产出投入研究与开发活动，不断开发出自然资源增进型技术，从而推动本地区的又一拨长期增长。[①] FDI的技术外溢效应及其带动的产业升级，对于这两个解决机制的有效实施会起到至关重要的作用。

五 简要评价

通过以上文献综述，可以看出，FDI与东道国可持续发展的相互作用关系并不是简单的一对一关系，而是多种因素相互交织作用的复杂的系统关系，并且各因素之间的作用关系受到FDI规模、FDI技术外溢效应、东道国人力资本、东道国所处的发展阶段等条件的影响。从已有的研究文献中，大致可以梳理出如下几个稍显明晰的观点：

一是FDI对东道国可持续发展各子系统的作用方向并不一致。对经济系统和社会系统，FDI的正向作用得到了较多验证；对环境系统和资源系统，FDI的反向作用更为明显。这就使得FDI与东道国可持续发展总系统的作用方向，取决于其与各子系统作用的合力方向。

二是FDI的技术外溢效应和东道国的人力资本水平在FDI与东道国可持续发展作用关系中扮演了非常重要的角色。正如前文述及的，如果FDI能够对东道国产生较强的技术外溢效应，并且

---

① 罗浩：《自然资源与经济增长：资源瓶颈及其解决途径》，《经济研究》2007年第6期，第142—153页。

东道国的人力资本水平较高，那么可持续发展面临的许多问题就会得以改善，例如，经济自主增长、个人收入增长、环境优化、能耗降低、资源节约等。说到底，这是个自主创新能力的问题。因此，要实现 FDI 促进东道国可持续发展，核心问题是东道国自主创新能力的提高。

三是在 FDI 与东道国可持续发展各子系统的关系中，FDI 与东道国经济系统的关系最直接，也是最重要的。首先，FDI 本身是个经济因素；其次，虽然可持续发展问题不是单纯的经济问题，但按照现代经济学的观点，技术、劳动力、制度、环境成本、资源等因素都是经济增长的投入要素；再次，政府的宏观政策是依据经济理论和本国的具体国情制定的，要解决可持续发展面临的问题，离不开经济领域所实施的各种规制政策；最后，虽然 FDI 对东道国可持续发展各子系统的发展各有利弊，但东道国所面临的问题并不主要来自于 FDI，反倒是 FDI 对东道国可持续发展的促进作用是解决各子系统存在问题的有效途径。

综述至此，尚不能给 FDI 与可持续发展的相互作用关系下一个定论。在已有的大量研究中，FDI 甚至很少作为影响经济系统的重要变量被纳入计量模型，这不由得使人们对 FDI 与东道国可持续发展系统之间是否存在可以验证的关系表示怀疑。到目前为止，关于 FDI 对东道国可持续发展各子系统影响的研究较为丰富，而关于东道国可持续发展状况对 FDI 影响的研究还没有展开。究竟 FDI 有利于还是有害于东道国的可持续发展，或者东道国可持续发展状况如何作用于 FDI 等问题，仍需要结合特定国家或地区的实际情况进行专门研究。

第四节 结构安排、技术路线与研究方法

一 结构安排

本书的结构安排分为以下四个部分：

第一部分为绪论。此部分为全文作概括性的铺垫和介绍。主要阐明本书的选题依据、研究背景、研究意义、结构安排、技术路线、研究方法、基本概念界定，并且，从 FDI 与东道国的经济增长、社会发展、环境发展和自然资源开发等角度，对 FDI 与东道国可持续发展相互作用关系的理论进行了全面系统的述评。

第二部分为作用关系分析。此部分是 FDI 与东道国可持续发展相互作用关系的理论分析。主要对东道国可持续发展系统的内部关系、FDI 对东道国可持续发展的作用关系和东道国可持续发展对 FDI 的作用关系进行了较为系统的分析。同时，此部分提出了多个命题，是本书的创新观点比较集中的部分，例如，用"资本存量"概念解释了可持续发展的构成；分析了 FDI 对东道国可持续发展的动态作用关系；用"利润空间"概念阐述了东道国可持续发展及其他因素对 FDI 流入的作用关系。

第三部分为实证分析。此部分首先设计出了东道国可持续发展的评价指标体系和基于 BP 人工神经网络构建的可持续发展评价模型，并基于训练好的 BP 网络模型，仿真输出了世界和中国的可持续发展评价值。然后，通过建立线性或非线性回归模型，分别对 FDI 与东道国可持续发展的因果关系、FDI 与东道国可持续发展的相互作用关系，以及 FDI 与中国可持续发展的相互作用关系，进行了实证检验。估计结果验证和支持大部分假设，并

且，对 FDI 与中国可持续发展之间的作用阶段性特征，做出了创新性的研究。

第四部分为结论与政策建议。基于前几个部分的分析，此部分给出了概括性的结论，系统地梳理了本书研究所取得的观点。进一步的，本书着重对中国如何利用 FDI 促进不同区域的可持续发展、促进可持续发展各子系统的协调发展，以及完善 FDI 与可持续发展的传导机制，提出了政策建议。

二 技术路线

本书研究过程中所遵循的技术路线如图 1—5 所示。

三 研究方法

本书的研究立足于对有关统计数据和资料的采集，除广泛阅读中外文献资料外，还充分利用网络资源，从联合国贸发会议（UNCTAD）、经济合作与发展组织（OECD）、世界银行（WB）等国际组织网站，以及人大经济论坛等学术交流网站，收集到大量的电子文献和统计资料。

在分析论述中，本书注重方法的运用与问题的研究相适应，大致采用以下几种研究方法：

（一）规范分析与实证研究相结合。本书在参考国内外相关研究文献的基础上，对 FDI 与东道国可持续发展的相互作用关系进行了理论分析，并且建立基于 BP 人工神经网络的东道国可持续发展评价体系。同时，对于 FDI 与东道国可持续发展相互作用关系的相关假设和命题，运用了大量的实证分析方法加以验证。本书尽量让规范分析拥有实证基础，努力做到言之有据，减少价值判断的主观片面性，从而全面、真实地反映对象的本质及规律。

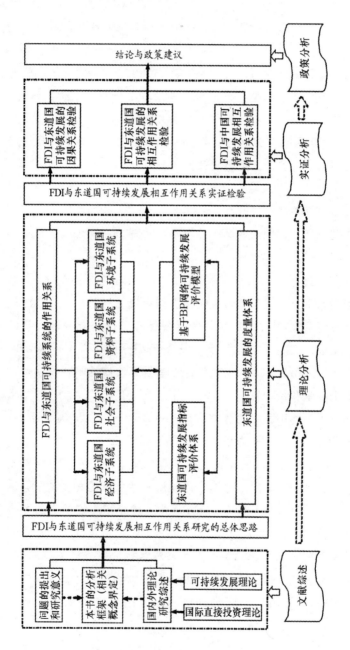

图1—5　本书研究所遵循的技术路线

（二）动态分析与静态分析相结合。在 FDI 与东道国可持续发展相互作用关系的理论分析部分，本书采用了动态推演的方法，模拟了 FDI "动能"通过技术、人力资本和物质资本等生产要素，逐步向经济、社会、资源和环境等可持续发展子系统传递的过程，形象地描述了 FDI 与东道国可持续发展的各因素和各子系统的作用关系。同时，在可持续发展系统的内部分解上，本书采用了静态的分析，全面地剖析了可持续发展系统的构成及内部关系。

（三）一般分析与特殊分析相结合。在验证 FDI 与东道国可持续发展的相互作用关系上，为使研究结论更具普适性，本书采用世界 50 个国家的相关数据作为研究样本，对研究对象进行了一般分析。同时，还特别利用中国的相关数据，对 FDI 与中国可持续发展的相互作用关系进行了实证检验。

（四）理论分析与政策分析相结合。本书除了对 FDI 与东道国可持续发展的相互作用关系进行了理论阐述和实证检验之外，还利用有关研究结论，为中国如何利用 FDI 更好地促进可持续发展提出了有针对性的政策建议。

第二章

FDI 与东道国可持续发展相互作用关系分析

第一节　关系维度与变量设定

一　关系维度

（一）可持续发展系统的构成

在研究 FDI 与东道国可持续发展关系时，尽管 FDI 是一个相对简单的变量，但可持续发展是一个复杂的巨系统，因此，错综复杂的可持续发展系统内部关系及其与 FDI 的作用关系，常常会使研究者在确定研究框架和计量模型时无从下手。

关于可持续发展系统的构成，既有的大量研究已经将视角推进得非常深入和具体了，似乎人类与自然界所有的物质的和非物质的因素都应该包括在可持续发展系统之中，而学术研究是无法将具体的事物一一穷尽的，必须将其抽象到适当的研究框架和变量组合上来。

综合国内外众多学者的研究，本书将可持续发展系统的构成简单概括为四个子系统：经济子系统、社会子系统、环境子系统和资源子系统（见图 2—1）。在许多研究中，可持续发展系统还包括人口子系统、科技子系统、生态子系统等，本书将前两者纳入社会子系统，后一者纳入环境子系统。经济子系统是可持续发展的核心子系统，它的主要功能是通过物质资料生产、流动分配和消费活动来保证物质商品的供应，以满足人类物质生活的需要；社会子系统是其他子系统协调发展的关键，人口素质的提高、科技的进步、文化的繁荣、分配制度的合理、政治环境的稳定等都是可持续发展的保证；环境子系统是指水环境、大气环境、动植物物种等承载污染和生物链的环境，环境质量的好坏是区分可持续发展和非可持续发展的重要标志；资源子系统是可持续发展的物质基础，资源是指在一定条件下，能够为人类利用的一切物质、能量和信息的总称，它包括自然资源和人造资源（如电力资源等）。自然资源按其耗竭性可分为耗竭性资源和非耗竭性资源（如太阳能、潮汐、水资源等），耗竭性资源按其再生性还可分为可再生资源（如森林、生物资源等）和非可再生资源（如矿物、石油、天然气等）。

（二）FDI与东道国可持续发展相互作用关系的维度

可持续发展系统不仅是一个巨系统，而且还是一个开放的系统。因此，东道国的可持续发展不仅受到本国内部各种因素的影响，还要受到外部因素即国际因素的影响。在影响东道国可持续发展的外部因素中，FDI、进出口、人口流动等因素是较为重要的，本书主要对FDI与东道国可持续发展的关系进行重点研究。

笔者认为，FDI是东道国经济子系统的构成因素，FDI的流入会直接影响经济子系统，同时也会对其他三个子系统产生直接或间接的影响。反过来，这四个子系统也会对FDI流入产生直接或间接影响（见图2—1）。本书所要考察的FDI与东道国可持续发展相互作用关系的维度主要包括如下五个。

1. FDI - SD关系维度，即FDI与东道国可持续发展总系统的相互作用关系。FDI与东道国可持续发展总系统的相互关系是本

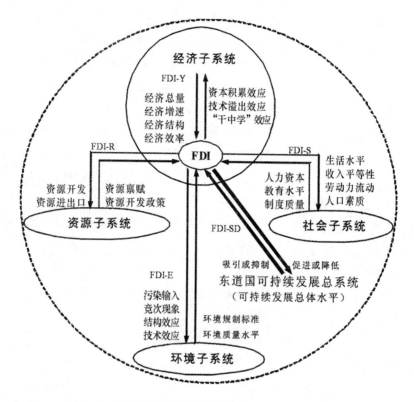

图2—1 FDI与东道国可持续发展相互作用关系的维度

书所要重点研究的对象，需要求证的二者之间关系主要表现为FDI是否促进东道国可持续发展总体水平的提高，以及东道国的可持续发展总体水平的高低是否对FDI的流入造成影响。

2. FDI–Y关系维度，即FDI与东道国可持续发展经济子系统的相互作用关系。FDI与东道国可持续发展经济子系统的关系，主要考察的是FDI是否会通过资本积累效应、技术溢出效应和"干中学"效应，促进东道国的经济可持续发展，同时东道国的经济总量、经济增速、经济结构和经济效率等对FDI的流入造成怎样的影响。

3. FDI－S 关系维度，即 FDI 与东道国可持续发展社会子系统的相互作用关系。该关系维度主要考察的是 FDI 是否会通过对东道国人力资本水平、生活水平、收入平等性、就业、劳动力流动、制度质量等方面的影响，促进东道国社会的可持续进步，同时东道国的人力资本、教育水平和制度质量等因素对 FDI 的流入会产生怎样的影响。

4. FDI－E 关系维度，即 FDI 与东道国可持续发展环境子系统的相互作用关系。该关系维度考察的是 FDI 是否会通过污染输入等效应破坏东道国的环境质量，同时东道国的环境承载力和环境规制标准等因素对 FDI 的流入会产生怎样的影响。

5. FDI－R 关系维度，即 FDI 与东道国可持续发展资源子系统的相互作用关系。该关系维度考察的是 FDI 是否会通过资源开发和资源的输入与输出对东道国资源的可持续开发与利用产生影响，同时东道国的资源禀赋和资源开发政策对 FDI 的流入会产生怎样的影响。[①]

二　变量与函数

（一）变量设定

可持续发展是一个带有空间属性和时间属性的概念。因此，究竟从哪一个时间点和空间点对一定区域的 FDI 与可持续发展关系进行研究，着实是一组复杂的假定问题。然而，假定条件越多则意味着理论与现实的差距越大。笔者试着对一定区域可持续发展的初始状态和该区域的综合属性不作过多的条件限制，而是选

---

① SD、Y、S、E 和 R 分别指东道国的可持续发展总系统、经济子系统、社会子系统、环境子系统和资源子系统。

取任意时间点上的任一东道国作为研究对象。

现假设，某一东道国在某一时刻（$t = 0, 1, 2, \cdots$）的可持续发展水平为 SD_t，因为没有实际的统计值可直接度量可持续发展水平，故本书设 SD_t 为介于 [0，1] 之间的任意值。同时，设东道国引进的 FDI 为 FDI_t。需要指出的是，一国的 FDI 流入量既可能是正的，也可能是负的，这是由于 FDI 流量的三个组成部分（股权投资、利润再投资和公司内借贷）中至少有一项是负的①，且其他两项的正值不足以抵消其负值，这就是所谓的逆向投资或撤资。因此，FDI 流入量的取值范围是实数集。除此之外，在时间东道国可持续发展系统中的其他重要变量的表示方式见表 2—1。

表 2—1　　东道国可持续发展系统中重要变量的表示方式

变量	表示方式	取值范围
可持续发展状态	SD_t	$SD_t \in$ [0，1]
FDI	FDI_t	$FDI \in (-\infty，+\infty)$
总产出	Y_t	$Y_t > 0$
总资本存量	Z_t	$Z_t > 0$
技术	A_t	$A_t > 0$
资本（狭义）	K_t	$K_t > 0$
劳动	L_t	$L_t > 0$
人口数	P_t	$P_t > 0$
社会资本	S_t	$S_t > 0$
人力资本	HR_t	$HR_t > 0$

---

① 股权投资是指母公司购买的其他国家企业的股份；利润再投资包括未被国外分支机构以股息形式分配掉的利润份额，或未汇回母公司的利润，这些被国外分支机构留存的利润被用于再投资；公司内部借贷是指母公司与国外分支机构之间的短期或长期资金借入和贷出。

变量	表示方式	取值范围
物质资本	WR_t	$WR_t > 0$
制度质量	STM_t	$STM_t > 0$
现有资源储量	R_t	$R_t > 0$
环境承载力	E_t	$E_t > 0$

注：对所有的变量有 $t = 0,\ 1,\ 2,\ \cdots$。

（二）可持续发展的构成函数

可持续发展既强调代内公平，也强调代际公平，这实际上是一个关于代内和代际的分配问题。在时间 t 上，一国的可持续发展水平 SD_t 一旦被确定，单就这一数值无法判定该国处于何种可持续发展状态之中，因为可持续发展还要求在时间维度上满足代际公平性，也就是说，如果在时间（$i = 1,\ 2,\ \cdots$）上，该国的可持续发展水平为 SD_{t+i}，且存在 $SD_t > SD_{t+i}$。那么，即使 SD_t 和 SD_{t+i} 的评价值都很高，也意味着该国的可持续发展状态有恶化的趋势。因此，首先要确定一国可持续发展系统的构成函数。

在经济学领域，已有的研究一般将可持续发展的代际分配问题看成是一个分布在时间轴上的效用序列问题。如果要公平地对待各个代际的人，那么这种公平将意味着不能只将有限代际的效用之和最大化，而是应当使所有代际的效用之和最大化。但从技术处理的角度讲，如果每个代际人的效用都不为零，那么所有代际人的总效用就必然趋向于无穷大，经济学家们就不能从最大化的处理中得到任何有用的信息。拉姆齐（F. P. Ramsey）是第一个研究代际福利分配问题的经济学家。为了避开无限期正值效用之和不收敛这一技术上的难题，拉姆齐假设人类效用水平以一种极乐（bliss）状态为上界，这意味着所有人的最大化效用之和等价于人们最小化的现有状态与极乐状态的差距之和。[1] 哈萨尼（J. C. Harsanyi）认为，人们对自己将处于哪一个时期有一种主观的概率判断，由此将会产生与折现因子作用相同的各期加权权数，从而在理论上支持折现的处理方式。[2] 库普曼斯（T. C. Koopmans）认为，如果人们的偏好可以满足稳定性公理和独立性公理的话[3]，那么，人们就可以使用折现加权的方式来选择其效用序列。[4] 罗尔斯（J. Rawls）以最差代际的福利为总福利水平的底线，并且设定人们对待风险持极端厌恶的态度，人们所作出的选择就是尽可能多地提高最差代际的福利。[5] 齐齐涅斯基（G. Chichilnisky）认为，在讨论可持续发展问题时，当代人和未来人都不应该单独充当决策者的角色，所以，她指出在可持续发展问题上应当存在以下两条公理：一是对遥远未来代际的敏感性，即 T 期以后的遥远的未来代际的人的效用变化，不再因为被赋予过小的权重而可以被忽略，它对整个效用路径的偏好排序具有一定的影响力；二是对当前代际的敏感性，即 T 期以前的有限代际的人的效用变化，相对于 T 期以后无穷代际人的效用

---

[1] Ramsey, F. P. , 1928, "A Mathematical Theory of Saving", *Economic Journal*, 38, pp. 543 – 559.

[2] Harsanyi, J. C. , 1955, "Cardinal Welfare, Individualist Ethics and Interpersonal Comparisons of Utility", *The Journal of Potitical Economy*, 63（4）, pp. 309 – 321.

[3] "稳定性公理"是指，如果两个效用序列有着相同的第一项并且其中一个序列的效用排序在前，那么，去掉这相同的一项并把剩余的消费项依次提前，这样一种操作不会改变原先的效用排序。如果进行相反的操作，结果相同；"独立性公理"是指，在权衡某两个时期的消费比率，仅和这两个时期的消费有关，而与这两个时期以外的任何一个时期的消费都无关。

[4] Koopmans, T. C. , 1960, "Stationary Ordinal Utility and Impatience", *Econometrica*, 28, pp. 137 – 175.

[5] Rawls, J. , 1972, *A Theory of Justice*, Oxford: Clarendon Press.

来说，也可能对整个效用路径的偏好排序产生影响。[1]

前文所设定的一国的可持续发展水平 SD_t，实际上就是处于时间 t 上的代内分配效用。一方面，争取代际公平就是争取实现所有代际的效用之和最大化，另一方面，在代内公平上，可持续发展要求每个代际效用的公平分配就是在资源和环境约束条件下的最优分配方案，即现有资源在区域之间和人际之间公平分配。在此处，理论分析的区域对象为任一东道国，具有普遍代表意义，因此，代内的区域公平问题在此不作变量设定。

这样，在时间维度上，东道国的可持续发展的效用序列可表示为：

$$\{SD_0, \cdots, SD_t, \cdots, SD_{t+i}, \cdots\} \qquad (2\text{—}1)$$

其中，t，$i = 0$，1，2，…。经济学的折现理论认为可持续发展的最终目标是追求 $\sum_{t=0}^{\infty} SD_t$ 的最大化，即追求所有代际的分配效用之和最大化，或者是有限代际的分配效用之和最大化，即 $\sum_{t=0}^{T} SD_t$，T 为有限代际。还有一种观点认为，可持续发展就是要求代际分配效用水平或资本存量水平保持非递减趋势。也就是说，在任意的时间 t 和 $t+i$（t，$i = 0$，1，2，…）上，都存在 $SD_t \leqslant SD_{t+i}$，那么，该国即处于较强的可持续发展状态之中。本书将主要采用代际资本存量保持非递减趋势的观点来界定可持续发展水平。

为了方便在时间维度上进行比较，本书假定 SD_t 反映的是时点 t 上的人均的可分配资本存量。每个代际时间点 t 上的可持续发展状态存在如下关系式：

$$SD_t = \frac{Z_t}{P_t} \qquad (2\text{—}2)$$

① Chichilnisky, G., 1997, "What is Sustainable Development", *Land Economics*, 73, (4), pp. 467 – 491.

在式（2—2）中，Z_t 为东道国的广义的资本存量，是指东道国所拥有的可供当前代际和未来代际分配的全部资本，它不仅包括经济资本（用总产出 Y_t 来衡量），而且包括社会资本（S_t）、自然资源资本（即现有资源储量 R_t）和环境资本（即环境承载力 E_t），即有如下关系：

$$Z_t = \varphi_1 Y_t + \varphi_2 S_t + \varphi_3 R_t + \varphi_4 E_t \qquad (2—3)$$

φ_1、φ_2、φ_3、φ_4 为各变量系数，反映各类资本之间的换算关系，虽然各类资本描述的资本性质不同，并且换算系数也不尽相同，但理论上各个换算系数应是常数。需要指出的是，社会资本（S_t）是指社会进步的质量，是东道国已经形成的可供当代和后代人分享的人文性和制度性成果，主要包括技术资本（A_t）、人力资本（HR_t）和制度质量（STM_t）。于是，存在以下关系式：

$$S_t = \phi_1 A_t + \phi_2 HR_t + \phi_3 STM_t \qquad (2—4)$$

ϕ_1、ϕ_2、ϕ_3 为各变量系数。由（2—3）不难看出，东道国的资本存量分别来自于经济、社会、环境和资源四个可持续发展的子系统。其中，东道国可持续发展的经济子系统无疑是最为复杂的，它不但反映着东道国的总产出水平，而且与其他子系统之间存在多种生产要素的交换。

这样，通过公式（2—2）、（2—3）和（2—4）就可以得出如下的关系式：

$$SD_t = \left[\varphi_1 Y_t + \varphi_2 \left(\phi_1 A_t + \phi_2 HR_t + \phi_3 STM_t \right) + \varphi_3 R_t + \varphi_4 E_t \right] / P_t \qquad (2—5)$$

该公式就是东道国可持续发展状态函数，它包括了各子系统的多个重要变量。显然，该公式较为全面地描述了东道国可持续发展系统内部的重要变量和因素之间的关系。

第二节　相互作用关系分析

一　东道国可持续发展总系统的内部关系

（一）各子系统之间的运行机理

本书对东道国的可持续发展各子系统的运行关系的基本假定是：经济子系统负责人类生存和发展所需要的物质产品的生产，除了狭义的资本，即资金由经济子系统提供外，其他生产要素和生产环境由另外三个子系统负责提供（见图2—2）。例如，社会子系统负责提供技术、人力资本，并不断完善制度环境；资源子系统负责提供能源和资源；环境子系统负责消化污染和维持生态系统。另外，社会子系统还为资源子系统提供资源开发的人员和技术；资源子系统除为经济子系统提供能源和资源外，还为社会子系统的人类生活和环境子系统的生物生存提供所需能源和资源；环境子系统为经济生产、人类社会生活、资源的再生与孕育提供必要的环境，但经济、社会和资源三个子系统都会破坏环境和威胁物种，当然，经济子系统同时还具有改造和优化环境的功能。

（二）可持续发展系统的运行函数

在东道国可持续发展系统中，经济子系统无疑是最为重要的。经济子系统的产出活动需要来自其他各个子系统的投入要素，生产函数所包含的变量与其他子系统均会产生作用关系，因此，首先要对东道国的生产函数加以确定。

在经济学领域，一般用增长经济学来解释可持续发展问题。从古典、新古典经济学，到新增长理论，再到新制度经济学，各阶段的经济增长模型不断地引入新的解释变量，试图解释整个经济增长活动。

早期的哈罗德—多马模型（$\Delta Y/Y = s/k$）中，储蓄率（s）和资本—产出比率（$k = \Delta K/\Delta Y$）是解释经济增长的两个重要变量[①]。索洛（R. M. Solow）以哈罗德—多马模型为基础，除资本（K）外，还将劳动（L）和技术（A）引入方程，并经过相应的拓展形成了索洛模型，其表示方式如下：

$$Y = Ae^{\mu t}K^{\alpha}L^{1-\alpha} \qquad (2—6)$$

其中，技术（A）为反映技术水平的常数，是一种外生变量，$e^{\mu t}$ 为技术进步速率，资本（K）中包括人力资本（HR）和物质资本（WR)[②]。新增长理论在索洛模型的基础上，更加注重"干中学"（Learning by Doing）对人力资本（HR）的作用和技术（A）对经济增长的作用，将技术（A）作为内生化因素建立起了新经济增长模型。例如，阿罗（K. J. Arrow）发现某些行业中存在"干中学"现象，[③] 罗默（P. M. Romer）假定"干中学"存在于整个宏观经济，并由此构造出递增报酬的总量生产函数，投入要素的边际报酬不再递减，从而获得人均收入长期增长率为正数的稳态增长轨迹[④]。卢卡斯（R. E. Lucas）对罗默的"干中学"假定进行修改，从人均而非总量资本水平对"边干边

[①] Domer, E. D., 1946, "Capital Expansion, Rate of Growth, and Employment", *Econometrica*, pp. 137 – 147.

Harrod, R. F., 1939, "An Essay in Dynamic Theory", *Economic Journal*, pp. 14 – 33.

[②] Solow, R. M., 1956, "A Contribution to the Theory of Economic Growth", *Quarterly Journal of Economics*, 70（1）, pp. 65 – 94.

Solow, R. M., 1957, "Technical Change and the Aggregate Production Function", *Review of Economics and Statistics*, 39, pp. 312 – 320.

[③] Arrow, K. J., 1962, "The Economic Implications of Learning by Doing", *Review of Economic Studies*, 29, pp. 155 – 173.

[④] Romer, P. M., 1986, "Increasing Returns and Long – Run Growth", *Journal of Political Economy*, 94, pp. 1002 – 1037.

学"的反馈来描述类似增长过程，也获得了类似于罗默的结果①。其他学者，如格罗斯曼和赫尔普曼（G. M. Grossman and E. Helpman）从 R&D 出发，将 R&D 活动视为具有投入产出机制的经济活动并分析其最优规模，也成功地将索洛技术进步内生化。② 后来，新制度经济学又提出了以制度建设为核心的综合经济增长理论，强调了制度质量（STM）对于经济增长的重要性。

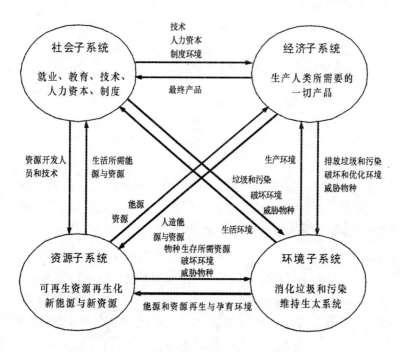

图 2—2　东道国可持续发展总系统的内部关系

①　Lucas, R. E., 1988, "On the Mechanics of Economic Development", *Journal of Monetary Economics*. 22, pp. 3 – 42.

②　Grossman, G. M. and Helpman, E., 1991, *Innovation and Growth in the Global Economy*. Cambridge, MA: MIT Press.

当然，既有的经典经济增长模型主要是解释了在何种投入要素下促进经济增长的问题，而没有充分去考虑哪些因素是抑制经济增长的问题，尤其是长期内约束经济可持续增长的要素并没有系统地考虑进去。笔者认为，应该在现有经济增长模型的基础上，加入资源（R）和环境（E）等约束变量，并突出技术、人力资本和制度质量对产出的影响，从而得出在可持续发展目标下的生产函数如下：

$$Y = A \cdot STM \cdot g_1 \ (K, \ L, \ R, \ E) \qquad (2—7)$$

公式（2—7）基本上是以索洛模型为基础构建的。其中，A为实时的技术资本水平，是索洛模型中 $Ae^{\mu t}$ 的函数，其他相关变量的含义见表2—1。

在计量检验过程中，一般将科布—道格拉斯生产函数进行演化处理，加入资源与环境约束，就可以得出东道国经济子系统的生产函数，表示如下：

$$Y_t = A_t \cdot STM_t \cdot K_t^\alpha L_t^\beta R_t^\gamma E_t^{1-\alpha-\beta-\gamma} \qquad (2—8)$$

在公式（2—8）中，技术资本（A_t）是随时间变化的，可反映技术进步的水平；同时，笔者认为，制度质量（STM_t）的高低，会起到与技术进步相同的效果，即影响所有投入要素的产出效率，推动生产可能性边界向外或向内移动，但在短期内该变量是一个常数，故将其也作为外生变量处理；资本项（K_t）包括人力资本（HR_t）和物质资本（WR_t）；资源（R_t）和环境（E_t）被加入该模型中，用以约束相关生产要素的产出效率。

在索洛的新古典增长模型中，生产函数对资本（K_t）和劳动（L_t）而言是规模收益不变的。而在公式（2—8）的模型中，由于加入了新的约束条件 $R_t^\gamma E_t^{1-\alpha-\beta-\gamma}$，所以资本（$K_t$）和劳动（$L_t$）的贡献率之和是小于1的，即 $\alpha + \beta < 1$。那么，该生产函数对资本（K_t）和劳动（L_t）而言就是规模收益递减的。

这样，通过公式（2—5）和（2—8），可以得出东道国可持续发展的运行函数如下：

$$SD_t = \left[\varphi_1 A_t \cdot STM_t K_t^\alpha L_t^\beta R_t^\gamma E_t^{1-\alpha-\beta-\gamma} \right.$$

$$\left. + \varphi_2 \left(\phi_1 A_t + \phi_2 HR_t + \phi_3 STM_t \right) + \varphi_3 R_t + \varphi_4 E_t \right] / P_t$$

$$(2—9)$$

（三）系统内各要素之间的关系

由公式（2—9）可以看出，东道国可持续发展系统运行函数中包含的变量着实有些纷繁复杂，对可持续发展系统内部重要因素的运行机理进行研究，最重要的就是要将各子系统变量之间的关系做出分析。

1. 资本与其他变量的关系。资本（K_t）是由人力资本（HR_t）和物质资本（WR_t）构成的，即存在如下关系：

$$K_t = \psi_1 HR_t + \psi_2 WR_t \qquad (2—10)$$

其中，ψ_1 和 ψ_2 为系数。资本（K_t）所指的是投入生产过程中的资本，它所包括的人力资本（HR_t）是社会资本（S_t）的一部分，其在生产过程中并不灭失，反而可能会在"干中学"效应作用下有所增长；物质资本（WR_t）是指投入生产过程中的实物资本，其中一部分是资源和能源，主要来自于资源子系统，这部分资本中有一部分（如不可再生资源）会在生产过程中消失，转化成最终产品，另一部分物质资本，如厂房、设备等，在生产过程中会产生损耗。

2. 技术与其他变量的关系。技术进步是资本投入量和时间的增函数，即有如下关系：

$$A_t = g_2 \left(K_t, \ t \right), \ 且 \frac{\partial A_t}{\partial K_t} > 0 \qquad (2—11)$$

另外，笔者认为，技术越先进，那么生产过程对资源的利用率就越高，那么，资源消耗速度就会越慢，而且从长期来看，技术越先进，就越有助于为现有可再生性资源争取更多的再生化时间，并有助于为不可再生资源找到可替代的新资源和新能源。因此，技术水平和现有资源储量的耗减速度（设为 r）之间存在一定得负相关关系：

$$r_t = g_3 \ (A_t, \ t), \ 且 \frac{\partial r_t}{\partial A_t} < 0 \qquad (2\text{—}12)$$

3. 制度质量与其他变量的关系。制度质量（STM_t）是指经济体制与产业结构、社会结构、资源与环境政策、标准等相关制度的完善性。笔者认为，制度是人对自身生产和生活的规范，制度质量本质上反映了人类对人与人之间关系，以及人与自然之间关系的认识。由此看来，制度质量（STM_t）显然是与人的知识水平即人力资本（HR_t）之间存在正相关关系。另外，从马克思主义政治经济学的角度来看，制度质量显然属于上层建筑的范畴，而经济基础决定上层建筑。因此，总产出水平（Y_t）越高，就越有经济能力来完善制度质量（STM_t），而根据产出函数公式（2—8），制度质量（STM_t）越高，总产出（Y_t）就会越多，因此，这二者显然也具有较强的正相关性。那么，制度质量（STM_t）的函数即可表示如下：

$$STM_t = g_4 \ (HR_t, \ Y_t), \ 且, \ \frac{\partial STM_t}{\partial HR_t} > 0, \ \frac{\partial STM_t}{\partial Y_t} > 0$$

$$(2\text{—}13)$$

另外，假定一国的制度质量（STM_t）中的城市化水平（设为 c），以及人均总产出水平（$y_t = Y_t/P_t$）和人力资本（HR_t）水平均对该国的人口增长率（设为 p）具有影响。前三者越高，则一国的人口增长率就越低，甚至会出现人口负增长，这种情况在西方发达国家较为普遍。即有如下关系：

$$p_{T_{t+1}} = \frac{\Delta P_{t+1}}{P_t} = \frac{P_{t+1}}{P_t} - 1 = g_5 \ (c_t, \ y_t, \ HR_t)$$

且有 $\dfrac{\partial p_t}{\partial c_t} < 0$，$\dfrac{\partial p_t}{\partial y_t} < 0$，$\dfrac{\partial p_t}{\partial HR_t} < 0$ 　　(2—14)

则有：

$$\Delta P_t = P_t g_5 \ (c_t, \ y_t, \ HR_t) \qquad (2—15)$$

4. 环境、资源与其他变量的关系。环境与资源之间的关系是非常紧密的，很多研究经常将这二者作为一个变量处理。本书为了说明各个子系统的要素关系，假定了两个变量：现有资源储量（R_t）和环境承载力（E_t），并用这两个变量分别衡量资源子系统和环境子系统的资本存量。而实际上，R_t 和 E_t 的变化基本上是同步的，即东道国的资源储量较大，那么其环境承载力往往也会较高，反之亦然。

笔者认为，现有资源储量（R_t）除了受技术水平的影响之外，还受到东道国生产活动的投入结构影响，即受到东道国的产业结构和经济增长方式的影响。当东道国的技术水平（A_t）越高、人力资本（HR_t）投入越多、物质资本（WR_t）越少时，越有利于降低现有资源储量的耗减速度（r_t）。那么，公式（2—12）中加入物质资本投入比率（设为 w），则可得出如下关系：

$$r_t = g_6 \ (A_t, \ w_t, \ t), \ 且 \frac{\partial r_t}{\partial A_t} < 0, \ \frac{\partial r_t}{\partial w_t} < 0 \qquad (2—16)$$

另外，笔者认为，东道国的环境承载力（E_t）主要受该国的人口数量（P_t）和制度质量（STM_t）的影响。首先，人口数量增多必然导致人类生产和生活的区域扩张，进而侵占生物的原始生态区，破坏生物链；其次，人口越多，人类生产和生活产生的垃圾和污染就会越多，最终必然会超出环境对污染和垃圾的消化能力。在环境承载力消失殆尽之前，环境规制将起到对人类活动破坏环境的有力限制作用，而环境规制属于制度质量的范畴，因此，可以说，环境承载力（E_t）是人口数量（P_t）的减函数，是制度质量（STM_t）的增函数，即存在如下关系式：

$$E_t = g_7\ (P_t,\ STM_t),\ 且\frac{\partial E_t}{\partial P_t} < 0,\ \frac{\partial E_t}{\partial STM_t} > 0 \quad (2\text{—}17)$$

二　FDI 对东道国可持续发展的作用关系

（一）引入 FDI 变量

前文对东道国可持续发展总系统的内部关系进行了分析，但始终未对 FDI 变量与其他变量的关系进行分析，现将 FDI 引入东道国可持续发展系统，以考察 FDI 与东道国可持续发展的相互作用关系。

在对 FDI 与东道国可持续发展之间的关系进行研究时，不应只将 FDI 简单地看作资金的流入而将 FDI 流入额纳入计量模型中进行宏观上的检验。这样，势必会忽略 FDI 对东道国可持续发展系统所存在的微观作用机制，从而在计量研究中得出不合实际的研究结果。事实上，作为跨国公司的一种国际经营行为，FDI 是一揽子生产要素向东道国的流入，并具有诸多外部效应，如技术溢出效应、"干中学"效应、资本积累效应、资本挤出效应、人力资本提升效应、收入分化作用等，还可能向东道国输入污染产业，并会加大东道国的资源开发力度。当 FDI 流入某一东道国并发展到一定规模时，它所带来的多种生产要素及相关的外部效应，必然会对东道国可持续发展系统产生积极的或消极的影响。

本书假定，FDI 进入东道国，主要分解成三种生产要素，即技术（A_t）、人力资本（HR_t）和物质资本（WR_t）。即存在如下关系式：

$$\Delta FDI_{t+1} = FDI_{t+1} - FDI_t = \lambda_1 \Delta A_{t+1} + \lambda_2 \Delta HR_{t+1} + \lambda_3 \Delta WR_{t+1}$$

$$(2\text{—}18)$$

其中，λ_1、λ_2、λ_3 为系数；ΔFDI_{t+1} 代表在时间 $t+1$ 的 FDI

存量相对于时间 t 的变动量。

不管 FDI 以何种形式进入东道国，但它肯定会以上述三种生产要素中的一种或多种形式存在，并对经济系统和其他系统发挥作用。至于 FDI 流入东道国究竟能引起技术、人力资本和物质资本产生多大的变动量，则主要取决于 FDI 的外部效应。在公式（2—18）中，ΔFDI_{t+1} 表示 FDI 存量的变动额，可用 FDI 流量来衡量。FDI 流量反映了 FDI 的增加额，而 FDI 存量反映了跨国公司分支机构在东道国的持续经营行为。无论是流量还是存量，FDI 都会通过技术溢出效应、"干中学"效应、资本积累效应、投资挤出效应等外部效应，分别对东道国的技术、人力资本和物质资本等要素产生影响。

1. FDI 技术溢出效应对东道国技术要素的影响。已经有大量研究证明，FDI 对东道国的技术具有溢出效应。跨国公司在东道国往往开展大量的 R&D 活动，这是很多东道国尤其是发展中东道国的公司无法做到的，而且目前跨国公司的 R&D 国际化已经成为其开展对外直接投资的重要组成部分。跨国公司在东道国的技术创造活动使其能够产生大量的专利成果，进而长期掌握技术优势。因此，一般而言，FDI 的技术水平要高于东道国同类行业的技术水平，或至少处于较先进的水平。在这个前提下，FDI 无论是直接以技术进行投资，还是向外部企业转让技术，或在关联企业之间分享技术（如跨国连锁企业之间），都会促使东道国企业迅速学习到跨国公司的先进技术，培养出更多的技术人才，从而使东道国的技术水平得到提升。这样，东道国的技术资本就会在 FDI 不断流入的过程中发生增量变动，即存在如下关系：

$$A_t = f_1\left(FDI_t, X_1\right)，且 \frac{\partial A_t}{\partial FDI_t} > 0 \qquad (2—19)$$

其中，X_1 表示影响东道国技术水平的其他变量。该公式表明，当 FDI 增加时，东道国的技术资本也会有所增加。

2. FDI 对东道国人力资本的影响。人力资本的高低是以人的知识水平、技能水平等来衡量的。笔者认为，FDI 流入东道国，不管跨国公司的这种海外投资和经营是否成功，都会为东道国带来新信息、新思想和新技术。FDI 对东道国人力资本的影响主要通过"干中学"和"看中学"两种效应：前者是 FDI 直接雇用的人员的知识增长效应，即跨国公司在东道国开展投资和经营活动，一般会大量地使用当地劳动力，并对其进行培训，以适应先进的管理理念、企业文化和生产工艺等，那么在这个过程中，这部分东道国的人员就以"边干边学"的方式增加了对先进技术工艺和管理理念的认识，从而实现人力资本的提升；后者是指那些不在外资企业工作，但与外资企业有业务联系的相关人员，或者没有联系的其他人员，通过主动接触和观察外资企业的经营方式，或者关注外资企业的相关信息，进而从中学习到新知识和新思想。因此，笔者认为，只要有 FDI 流入，东道国的人力资本就会得到相应的提升。即存在如下关系：

$$HR_t = f_2\ (FDI_t,\ X_2),\ \text{且} \frac{\partial HR_t}{\partial FDI_t} > 0 \qquad (2—20)$$

其中，X_2 表示影响东道国技术的其他变量。该公式表明，当 FDI 增加时，东道国的人力资本也会有所增加。

3. FDI 对东道国物质资本的影响。FDI 流入东道国，尤其是以绿地投资形式进入东道国的 FDI，必定会购置厂房用地、生产设备、办公设备、交通工具、资源和能源等生产资料；而对于以并购形式进入东道国的 FDI，虽然在并购和初建阶段并不一定使东道国资本总额有明显增加，但随着外资企业规模的不断扩大，其一般会带动关联企业的投资，最终促进物质资本投资总额的增长。因此，FDI 流入东道国，一般会增加东道国生产中所投入的物质资本总额。

当然，也有些学者认为，FDI 是否会促进东道国投资总额的增长（即物质资本形成总额的增加），取决于 FDI 对国内投资具有"挤入效应"还是"挤出效应"：如果主要发生挤入效应，那么东道国的物质资本一定会增加；如果主要发生挤出效应，那么 FDI 所带来的增量投资和国内的被挤出投资之间的差额，决定了物质资本总额是否增加。有关此问题的实证研究，虽然偶尔会发现有些研究对象存在 FDI 的挤出效应，但大多数计量检验结果支持 FDI 对东道国资本具有挤入效应。例如，卢比兹（R. Lubitz）利用加拿大的数据研究得出："1 美元的 FDI 导致 3 美元的资本形成"[①]；伯伦斯坦等人（E. Borensztein, J. de Gregorio and Jong－wha Lee）的研究得出："FDI 净流入流量每增加 1 美元，可使东道国投资总额增加 1 美元以上，估计投资总额的增加为 FDI 流量的 1.5—2.3 倍。"[②] 因此，笔者认为，FDI 流入东道国会刺激东道国的物质资本加速形成，即存在如下关系：

$$WR_t = f_3 (FDI_t, X_3), \ 且 \frac{\partial WR_t}{\partial FDI_t} > 0 \qquad (2\text{—}21)$$

其中，X_3 表示影响东道国技术的其他变量。该公式表明，当 FDI 增加时，东道国的物质资本也会有所增加。

4. FDI 变量引入生产函数和社会资本函数。FDI 进入东道国

---

① Lubitz, R., 1966, "United States Direct Investment in Canada and Canandian Capital Formation, 1950－1962", *Ph. D. Dissertation*, Cambridge, MA: Harvard University, Oct., pp. 97－98.

② Borensztein, E., J. de Gregorio and Jong－wha Lee, 1995, "How does Foreign Direct Investment Affect Economic Growth?", *Working Paper*, No. 5057, Cambridge, MA: National Bureau of Economic Research.

后，直接作用的要素是技术、人力资本和物质资本，这三者是经济子系统和社会子系统的主要变量，因此，FDI变量可以进一步被引入经济子系统的生产函数和社会子系统的社会资本函数。

由公式（2—10）、公式（2—20）和公式（2—21）还可以得出如下关系：

$$K_t = f_4 \ (FDI_t, \ X_4) \tag{2—22}$$

其中，X_4 表示影响东道国资本的其他变量。

将公式（2—19）和公式（2—22）代入公式（2—8），就可将 FDI 变量引入东道国经济子系统的生产函数，表示形式如下：

$$Y_t = f_1 \ (FDI_t, \ X_1) \ STM_t f_4^{\alpha} \ (FDI_t, \ X_4) \ L_t^{\beta} R_t^{\gamma} E_t^{1-\alpha-\beta-\gamma}$$

$$\tag{2—23}$$

进而，上式可以演变成

$$Y_t = f_5 \ (FDI_t, \ X_5) \ STM_t L_t^{\beta} R_t^{\gamma} E_t^{1-\alpha-\beta-\gamma} \tag{2—24}$$

其中，$f_5 \ (FDI_t, \ X_5) = f_1 \ (FDI_t, \ X_1) \ f_4^{\alpha} \ (FDI_t, \ X_4)$，$X_5$ 表示影响东道国经济总产出的其他变量。

将公式（2—19）和公式（2—21）代入公式（2—4），即可将 FDI 变量引入东道国的社会子系统，其社会资本的函数关系变为：

$$S_t = \phi_1 f_1 \ (FDI_t, \ X_1) + \phi_2 f_2 \ (FDI_t, \ X_2) + \phi_3 STM_t$$

$$\tag{2—25}$$

笔者认为，FDI变量对环境子系统和资源子系统的影响，是通过 FDI 对相关要素的作用传导过去的。因此，FDI变量的直接引入层次仅限于经济子系统和社会子系统。

（二）FDI对东道国可持续发展系统的作用关系

FDI流入东道国表现为 FDI 存量的变动，这种变动会形成一种推动东道国相关要素产生变动的能量，进而影响东道国可持续发展各子系统的稳定状态。本书将 FDI 存量变动所产生的能量定义为 FDI 的"动能"。FDI"动能"的传导机制与 FDI 对东道国可持续发展系统的作用关系息息相关。

笔者认为，FDI 对东道国可持续发展各子系统的作用，是通过 FDI 对东道国某些要素的动能传导实现的。具体来说，FDI 会分五个层次对东道国可持续发展各子系统及相关要素产生影响：第一个层次为要素变动层，FDI 流入东道国，首先会以技术 (A_t)、人力资本 (HR_t) 和物质资本 (WR_t) 这三种生产要素中的一种或多种出现，那么，这三种生产要素的存量本身会发生变化 ($\triangle A$，$\triangle HR$，$\triangle WR$)；第二个层次为经济变动层次，三种生产要素的变动，引起资本和总产出的变化 ($\triangle K$，$\triangle Y$)；第三个层次为社会变动层次，技术和人力资本的变化 ($\triangle A$，$\triangle HR$)，引起社会资本的变化 ($\triangle S$)，同时，人力资本和总产出的变化 ($\triangle HR$，$\triangle Y$) 也会引起制度质量的变化 ($\triangle STM$)；第四个层次为环境和资源变动层次，从长期来看，制度质量和人口数量的变动 ($\triangle STM$，$\triangle P$)，会引起环境承载力的变动 ($\triangle E$)，技术和物质资本使用率的变动 ($\triangle A$，$\triangle w$)，会引起现有资源储量的变动 ($\triangle R$)；第五个层次为系统变动层，在总产出、社会资本、现有资源储量和环境承载力中的一种或多种发生变动 ($\triangle Y$，$\triangle S$，$\triangle R$，$\triangle E$) 的情况下，不管人口数量变动 ($\triangle P$) 与否，东道国可持续发展系统的状态都会发生变化 ($\triangle SD$)。

这里，FDI 动能引起的五个层次的变化具有一定的递进关系或传导效应。而且，越接近 FDI 变动的层次，相关要素或相应子系统与 FDI 之间的作用关系越直接，作用力也越强。这种作用过程，具有由点及面，由微观层面到宏观层面的特征，类似于将石子抛入水中而引起的"水波"的运动过程（见图 2—3）。这种由于 FDI 流入而对东道国可持续发展各子系统和相关要素所产生的一系列连锁反应，即为 FDI 对东道国可持续发展

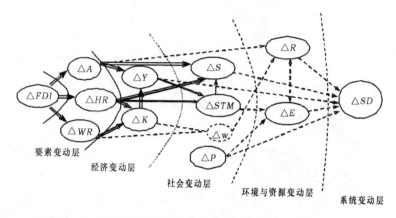

图 2—3 FDI "动能" 在东道国可持续发展系统中传导过程

注：图中箭头 "→"、"⟶"、"⤏" 表示相关要素之间的作用关系，三种箭头所表示的作用强度依次减弱。

系统的作用关系。

（三）FDI 对东道国可持续发展系统的作用力方向

尽管上文勾勒出了 FDI 对东道国可持续发展系统的作用关系，但其仅表明相关要素之间和子系统之间具有某种作用关系，而相关要素和子系统之间的作用力方向尚不明确。也就是说，在 FDI 的动能传导链上，各要素和各子系统所受的作用力为正向还是为反向，仍需进一步梳理。

1. 命题 1：短期内，FDI 对东道国经济子系统具有正向作用，长期内具有负向作用。

证明：假定制度质量（STM_t）、现有资源储量（R_t）和环境承载力（E_t）在短期内不会发生剧烈变动，即短期内这三者为常数。根据公式（2—19）、公式（2—20）和公式（2—21），有

$\dfrac{\partial A_t}{\partial FDI_t} > 0$，$\dfrac{\partial HR_t}{\partial FDI_t} > 0$，$\dfrac{\partial WR_t}{\partial FDI_t} > 0$，进而有 $\dfrac{\partial K_t}{\partial FDI_t} > 0$。那么，将上

述条件代入公式（2—8），就可以导出 $\dfrac{\partial Y_t}{\partial FDI_t} > 0$，即短期内 FDI 对东道国经济子系统具有正向作用。

　　长期内，制度质量（STM_t）、现有资源储量（R_t）和环境承载力（E_t）均会发生变动，在 FDI 存量不断增长的情况下，这三者的变化方向并不一致：制度质量（STM_t）会提高，现有资源储量（R_t）会减少，而环境承载力（E_t）的变动周期会长一些，其可能是有所提高也可能正在下降。因此，长期内，总产出的增长会逐渐被资源储量的减少（或许包括环境承载力的下降）所拖累，最终在达到某一局部最大值之后，开始进入下滑趋势。

虽然，根据公式（2—12），有 $\dfrac{\partial r_t}{\partial A_t} < 0$，但该效应也仅表明技术进步会降低现有资源储量的耗减速度，并不意味着现有资源储量不减少。这期间，制度质量的提高对总产出增长的正效应，不足以抵消资源储量下降对总产出增长的负效应。因此，笔者认为，长期内 FDI 对东道国经济子系统的作用力方向会受资源和环境的制约而由正转负。即有如下关系式：

$$\frac{\partial Y_{ST}}{\partial FDI_{ST}} > 0 \ , \ \frac{\partial Y_{LT}}{\partial FDI_{LT}} < 0 \qquad (2—26)$$

其中，变量的下角标 ST 和 LT 分别表示短期和长期。

　　2. 命题 2：FDI 流入对东道国社会子系统具有正向作用。

　　证明：短期内，假定制度质量（STM_t）不变，根据公式（2—19）和公式（2—20），有 $\dfrac{\partial A_t}{\partial FDI_t} > 0$，$\dfrac{\partial HR_t}{\partial FDI_t} > 0$，再结合公式（2—4），可以导出 $\dfrac{\partial S_t}{\partial FDI_t} > 0$；长期内，人力资本（$HR_t$）和总产出（$Y_t$）均在 FDI 的推动下有所增加，根据公式（2—13），有

$\dfrac{\partial STM_t}{\partial HR_t} > 0$，$\dfrac{\partial STM_t}{\partial Y_t} > 0$，则可以导出$\dfrac{\partial STM_t}{\partial FDI_t} > 0$，再进一步结合公

式（2—4），仍可以导出$\dfrac{\partial S_t}{\partial FDI_t} > 0$。这表明，无论是在短期内，

还是长期内，当FDI存量增加时，东道国的社会资本就会逐渐增加，也就是说，FDI流入对东道国社会子系统具有正向作用。可表示为如下关系式：

$$\frac{\partial S}{\partial FDI} > 0 \qquad\qquad (2—27)$$

3. 命题3：FDI流入对东道国资源子系统具有反向作用。

证明：短期内，本书假定东道国资源子系统的现有资源储量（R_t）为不变的常数。而从长期来看，FDI的不断流入会加速东道国的资本形成，即物质资本（WR_t）及其占资本形成总额的比

重（w_t）会不断增加，根据公式（2—16），有$\dfrac{\partial r_t}{\partial w_t} > 0$，现有资

源储量耗减速度会加快，被消耗的能源和资源量就会不断增加。其中，很大一部分不可再生资源被消耗，同时，可再生资源的再生速度是一定的。设现有资源储量的再生速度为r^*，在FDI的驱动下东道国的物质资本形成速度（设为wr）不断提高，资源消耗速度（r）也会相应不断提高。那么，当FDI的规模发展到某个值FDI^*时，必然会使物质资本形成速度达到并超过某一临界值wr^*，即$wr \geq wr^*$，进而使得$r \geq r^*$（见图2—4）。那么，东道国的现有资源储量就会不断减少。

在此过程中，不仅新增的FDI（可用FDI流入流量来衡量）促成的物质资本会消耗资源，而且已有的FDI（FDI流入存量）一直在促成物质资本并消耗资源，即按照梅多斯等人（Donella H. Meadows, et al.）在《增长的极限》一书中所做的判断，资

源消耗速度就不是线性增长的，而是指数型增长的。① 虽然，根据公式（2—12），有 $\frac{\partial r_t}{\partial A_t} > 0$，技术进步具有节约资源和发现替代资源的效应，但是这种效应所需的时间一般很长，且是不确定性很强的外生变量。即使依靠技术进步发掘了新的替代资源，那也只是一时增加了现有资源储量，长期内这种效应只会起到减缓现有资源储量消耗速度的作用，并不能从根本上增加资源储量。因此，本书认为 FDI 总体上对东道国资源子系统具有反向作用。可表示为如下关系式：

$$\frac{\partial R}{\partial FDI} < 0 \qquad\qquad (2—28)$$

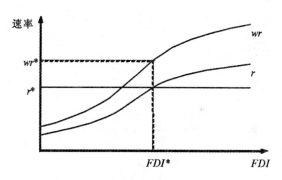

图 2—4　FDI 对东道国资源消耗速度的作用

4. 命题 4：FDI 对东道国环境子系统具有短期反向作用，长期正向作用。

证明：前文假定，短期内东道国的环境承载力是一个常数。

---

① 德内拉·梅多斯、乔根·兰德斯，丹尼斯·梅多斯著：《增长的极限》，李涛、王智勇译，机械工业出版社 2006 年版，第 15—46 页。

事实上，短期内东道国的人口数量（P_t）和制度质量（STM_t，包括环境管制标准）确实不会变动太大，根据公式（2—17）有，$\dfrac{\partial E_t}{\partial P_t} < 0$，$\dfrac{\partial E_t}{\partial STM_t} > 0$，环境承载力（$E_t$）理应不会变动。但短期内 FDI 存量增加，仍会使东道国的生产和生活迅速扩张，每个人的活动范围和活动能力有所提升，尽管人口数量（P_t）没有太大变化，但人对环境的影响能力和影响范围会扩大，这在很大程度上形成了人口数量增长对环境承载力（E_t）的影响效果。也就是说，短期内 FDI 流入会使东道国的环境承载力（E_t）有一定程度的下降，FDI 对东道国环境子系统具有短期反向作用。长期来看，前文通过对 FDI 对社会子系统的作用分析已经导出，$\dfrac{\partial STM_t}{\partial FDI_t} > 0$。另外，FDI 流入会促进东道国的城市化水平（$c_t$）、人均收入（$y_t$）和人力资本水平（$HR_t$）的提高，根据公式（2—14），有 $\dfrac{\partial p_t}{\partial c_t} < 0$，$\dfrac{\partial p_t}{\partial y_t} < 0$，$\dfrac{\partial p_t}{\partial HR_t} < 0$，且可使 $p_t < 0$，由此可得，长期内 FDI 流入会使东道国的人口增长速度（p_t）下降，最终使人口数量（P_t）趋于减少，即存在如下关系：

$$\frac{\partial p_{LT}}{\partial FDI_{LT}} < 0, \quad \frac{\partial P_{LT}}{\partial FDI_{LT}} < 0 \qquad (2—29)$$

其中，变量的下角标 LT 表示长期。

那么，再根据公式（2—17），在长期内 FDI 流入导致人口数量（P_t）减少和制度质量（STM_t）提高的情况下，必然会使环境承载力（E_t）得到提高，即 FDI 对东道国环境子系统具有长期正向作用。综合短期与长期，可得如下关系式：

$$\frac{\partial E_{ST}}{\partial FDI_{ST}} < 0, \quad \frac{\partial E_{LT}}{\partial FDI_{LT}} > 0 \qquad (2—30)$$

其中，变量的下角标 ST 和 LT 分别表示短期和长期。

同时，这一结论也符合"环境库兹涅茨曲线假说"。按照这一假说，一国的环境污染水平与人均收入水平之间的关系曲线呈倒"U"形的。[①] 由于环境污染水平与环境承载力水平是高度负相关的，可以推出，环境承载力（E_t）与人均收入（y_t）之间的关系曲线是呈"U"形的，即人均收入水平较低时，环境承载力与人均收入水平负相关，人均收入较高时，二者正相关；再根据公式（2—26）和公式（2—29），有 $\dfrac{\partial Y_t}{\partial FDI_t} > 0$，$\dfrac{\partial P_t}{\partial FDI_t} < 0$，而 $y_t = Y_t / P_t$，故可以导出，即 FDI 与东道国的人均收入水平是正相关的。因此，可以得出环境承载力（E_t）与 FDI 之间的关系曲线也是呈"U"形的。在 FDI 存量不断增长的过程中，东道国的环境承载力（E_t）先降后升，这与本书的观点是一致的：FDI 对东道国环境子系统具有短期反向作用，长期正向作用。

5. 命题5：FDI 对东道国可持续发展总系统的作用方向，取决于东道国总资本存量增长率与人口增长率之间差值的正负情况。

证明：根据公式（2—2）、（2—3）、（2—24）和（2—25），当 FDI 存量发生变动时（$\triangle FDI$），东道国可持续发展总系统的状态（SD_t）也会相应的发生变动（$\triangle SD$）。也就是说，在时间 $t+1$ 点上，FDI 存量变动（$\triangle FDI$）使得东道国可持续发展总系统状态相对于时间点 t 上变化了 $\triangle SD$，其表达式为：

$$\triangle SD = SD_{t+1} - SD_t = \frac{Z_{t+1}}{P_{t+1}} - \frac{Z_t}{P_t} = \frac{Z_t + \triangle Z}{P_t(1+p)} - \frac{Z_t}{P_t}$$

进一步可变为：

---

① Kuznets, S. S., 1955, "Economy Growth and Income Inequality", *The American Economic Review*, 45 (2), pp. 1 – 28.

$$\triangle SD = \frac{\triangle Z - pZ_t}{P_t (1+p)} = \frac{Z_t}{P_t (1+p)} \left(\frac{\triangle Z}{Z_t} - p \right) \qquad (2\text{—}31)$$

上式中 $\frac{\triangle Z}{Z_t}$ 实际上是东道国总资本存量的增长率，设其为 z，

即 $z = \frac{\triangle Z}{Z_t}$，则可以得出下面的关系式：

$$\triangle SD = \frac{Z_t}{P_t (1+p)} (z - p) \qquad (2\text{—}32)$$

短期内，本书假定人口数量（P_t）不变，即 $p = 0$，那么，

公式（2—32）可变为：$\triangle SD = \frac{Z_t}{P_t} \cdot z = \frac{\triangle Z}{P_t}$。这样，当 FDI 存量

变动时，东道国可持续发展状态的变动情况主要取决于总资本存量的变动（$\triangle Z$ 或 z）。

根据公式（2—26）、（2—27）、（2—28）、（2—30），FDI 存量增加（$\triangle FDI > 0$），会使东道国的经济资本增加（$\triangle Y > 0$）、社会资本增加（$\triangle S > 0$）、现有资源储量减少（$\triangle R < 0$）、环境承载力降低（$\triangle E < 0$）。那么，根据公式（2—2）和（2—3），东道国总资本存量的变动情况（$\triangle Z$）主要取决于四个子系统资本存量的变动情况（见表 2—2）。

若 $\triangle Z = (\varphi_1 \triangle Y + \varphi_2 \triangle S + \varphi_3 \triangle R + \varphi_4 \triangle E) > 0$，则 $z > 0$，$\triangle SD > 0$，可得 $\frac{\partial SD}{\partial FDI} > 0$，表明 FDI 对东道可持续发展总系统具有正向作用；

若 $\triangle Z = (\varphi_1 \triangle Y + \varphi_2 \triangle S + \varphi_3 \triangle R + \varphi_4 \triangle E) < 0$，则 $z < 0$，$\triangle SD < 0$，可得 $\frac{\partial SD}{\partial FDI} < 0$，表明 FDI 对东道国可持续发展总系统具有反向作用；

若 $\triangle Z = (\varphi_1 \triangle Y + \varphi_2 \triangle S + \varphi_3 \triangle R + \varphi_4 \triangle E) = 0$，则 $z = 0$，

$\triangle SD = 0$，可得，表明 FDI 对东道国可持续发展总系统不产生作用。

长期内，根据公式（2—29），人口数量不变的假定不再适用，即 $p \neq 0$。那么，依据公式（2—32），由于 $\dfrac{Z_t}{P_t(1+p)} > 0$，所以，FDI 存量变动引起东道国可持续发展总系统状态的变动主要取决于 $z - p$ 的正负情况。

根据公式（2—26）、（2—27）、（2—28）、（2—30），FDI 存量增加（$\triangle FDI > 0$），会使东道国的经济资本减少（$\triangle Y < 0$）、社会资本增加（$\triangle S > 0$）、现有资源储量减少（$\triangle R < 0$）、环境承载力提高（$\triangle E > 0$）。那么，东道国总资本存量的变动仍不能确定，三种情况（$\triangle Z > 0$、$\triangle Z < 0$ 和 $\triangle Z = 0$）都有可能出现。

进而，东道国总资本存量的增长率也有三种情况：$z > 0$、$z < 0$ 和 $z = 0$。同时，人口增长率存在两种情况：$p > 0$ 和 $p < 0$。综合这些条件，长期内在 FDI 存量增加（$\triangle FDI$）的情况下，东道国可持续发展总系统状态的变动（$\triangle SD$）就复杂得多了（见表2—2）。

当 $p > 0$，且 $z > 0$ 时，若 $z > p$，则 $\triangle SD > 0$，可得 $\dfrac{\partial SD}{\partial FDI} > 0$，表明 FDI 对东道国可持续发展总系统具有正向作用；若 $z < p$，则 $\triangle SD < 0$，可得 $\dfrac{\partial SD}{\partial FDI} < 0$，表明 FDI 对东道国可持续发展总系统具有反向作用；若 $z = p$，则 $\triangle SD = 0$，可得 $\dfrac{\partial SD}{\partial FDI} = 0$，表明 FDI 对东道国可持续发展总系统不产生作用。

当 $p > 0$，且 $z < 0$ 或 $z = 0$ 时，一定存在 $z - p < 0$，则 $\triangle SD < 0$，可得 $\dfrac{\partial SD}{\partial FDI} < 0$，表明 FDI 对东道国可持续发展总系统具有反向作用。

当 $p < 0$，且 $z > 0$ 或 $z = 0$ 时，一定存在 $z - p > 0$，则 $\triangle SD > 0$，可得 $\dfrac{\partial SD}{\partial FDI} > 0$，表明 FDI 对东道国可持续发展总系统具有正向作用。

当 $p < 0$，且 $z < 0$ 时，若 $z > p$，则 $\triangle SD > 0$，可得 $\dfrac{\partial SD}{\partial FDI} > 0$，表明 FDI 对东道国可持续发展总系统具有正向作用；若 $z < p$，则 $\triangle SD < 0$，可得 $\dfrac{\partial SD}{\partial FDI} < 0$，表明 FDI 对东道国可持续发展总系统具有反向作用；若 $z < p$，则 $\triangle SD < 0$，可得 $\dfrac{\partial SD}{\partial FDI} < 0$，表明 FDI 对东道国可持续发展总系统不产生作用。

表 2—2　　FDI 对东道国可持续发展总系统的作用力方向

期限条件与人口增长率（p）		基本条件	衍生条件	作用力方向
短期	$p = 0$	$\Delta Z > 0$	$z > 0$	正向作用
		$\Delta Z < 0$	$z < 0$	反向作用
		$\Delta Z = 0$	$z = 0$	无作用
长期	$p > 0$	$z > 0$	$z > p$	正向作用
			$z < p$	反向作用
			$z = p$	无作用
		$z < 0$	$z - p < 0$	反向作用
		$z = 0$		
	$p < 0$	$z > 0$	$z - p > 0$	正向作用
		$z = 0$		
		$z < 0$	$z > p$	正向作用
			$z < p$	反向作用
			$z = p$	无作用

综上所述，在短期内（$p=0$），FDI 对东道国可持续发展总系统的作用力方向，主要取决于东道国总资本存量增长率（z）的正负情况；在长期内（$p\neq0$），FDI 对东道国可持续发展总系统的作用力方向，主要取决于东道国总资本存量增长率和人口增长率之间差值（$z-p$）的正负情况。

三　东道国可持续发展对 FDI 的作用关系

事物之间的影响和作用往往是相互的。FDI 对东道国的可持续发展具有多维交错的作用，反过来，东道国的可持续发展状况也会对 FDI 的流入规模、产业结构、来源地、进入方式等方面构成影响。

在 FDI 的动因理论、区位优势理论等的相关研究中，东道国的许多因素都被视为吸引 FDI 流入的诱因，比如东道国的资源禀赋、劳动力成本、技术水平、市场环境等。当然，一味地去罗列影响 FDI 流入的因素是没有意义的，因为不同的国家影响 FDI 流入的因素是不同的，终极的罗列无非是将东道国的所有重要因素一一囊括，而所有因素的集合几乎是等同于东道国可持续发展系统的。因此，笔者认为，研究东道国可持续发展对 FDI 的作用关系，并不是要找出哪些因素对 FDI 流入具有重要影响，那样势必会与动因理论和区位理论的有关研究相重复。本书将把研究视角放在东道国可持续发展对跨国公司发展对外直接投资决策的作用关系上。

FDI 是多种生产要素的跨国流动，这种投资行为完全不同于短期的投机行为，它具有高度的复杂性。因此，跨国公司一旦做出对某国进行直接投资的决定，那一定是一份较为长期的计划，并且这个计划是建立在对自身优势和东道国多种因素的综合分析之上的。

跨国公司会不会将东道国的可持续发展状况作为重要的参考变量来进行 FDI 决策呢？当然会。一般而言，如果某个东道国的可持续发展状况较好，则意味着宏观上该国的经济、社会、资源和环境都具有较好的发展前景，微观上跨国公司所处的市场环境将是比较完善的，这势必会促使更多的 FDI 流入该国。那么，东道国的可持续发展状况是不是 FDI 流向的决定性因素呢？笔者认为不完全是。因为纵观国际直接投资的实践，有些 FDI，尤其是资源寻求型 FDI，并不太在乎东道国的可持续发展状况，甚至客观上形成了对东道国可持续发展的破坏。当然，这也不意味着东道国可持续发展状况越差，这类 FDI 的流入就会越多，如果东道国的可持续发展状况很差，差到不能保证 FDI 的投资安全，或者为了保护正常的国外经营环境所需支付的费用挤掉了 FDI 的利润空间，FDI 就不会选择进入该国了。因此，可以看出，除了东道国的可持续发展状况，一定还有别的因素同时在影响跨国公司的投资决策，进而影响 FDI 的流入。

（一）东道国的"利润空间"

FDI 主要是由跨国公司开展和推动的，是不折不扣的市场行为。从本质上看，FDI 流入某个东道国的最终目的无非是为了追求利润。如果某 FDI 行为在短期内不求盈利（短期内因经营不善而客观上造成没有盈利的情况不计），那么一定是在为长期性盈利做战略性的准备工作，或是其全球盈利计划的重要组成部分。

因此，可以做出这样的假定：无论 FDI 的投资计划是短期的还是长期的，FDI 的终极目标都是为了追求利润。进而可以这样认为，FDI 的流入规模是由东道国所能提供的利润空间决定的，即东道国的利润空间越大，FDI 的流入规模就越大。如果某个国家或地区的利润空间较大，但 FDI 流入规模却很小，那势必会在该国家或地区形成较高的 FDI 利润率（每单位 FDI 所能产生的利润），从而促使其他地区的 FDI 向该国或地区流动，最终使该国或地区的 FDI 利润率与其他地区大致相等，FDI 结束流动达到稳定状态。

设在时间点 t 上，东道国能提供的利润空间为 RS_t，则存在下面的函数关系：

$$FDI_t = h_1 \ (RS_t, \ x_1), \ \text{且} \frac{\partial FDI_t}{\partial RS_t} > 0 \qquad (2\text{—}33)$$

其中，x_1 代表影响 FDI 流入规模的其他变量。

由此可以看出，FDI 的流入规模问题转变为东道国的利润空间问题。

1. "利润空间"的构成

既然称之为"利润空间"，那么它必定是由多维变量组成的"空间"或是"集合"，具有空间的三要素："高"、"宽"和"长"。

传统上，经济学研究方法习惯于用简单的成本收益分析，即用收益与成本之差来计算利润，但这只是一维的利润。本书将收益与成本之差定义为利润空间（RS）的"高"，设为 H。另外，设 FDI 的收益和成本分别为 I 和 C，则在时间点 t 上，存在如下关系：

$$H_t = I_t - C_t \qquad (2\text{—}34)$$

笔者认为，FDI 的收益（I_t）主要受到东道国的经济增长率（用 GDP 增长率来衡量，设为 g）、消费者购买力［用人均 GDP 水平，即人均产出（y）来衡量］、市场容量（用 GDP 来衡量），以及 FDI 的技术水平（设为 A_{FDI}）等因素的影响，则存在如下关系：

$$I_t = h_2 \ (g_t, \ y_t, \ GDP_t, \ A_{FDIt}, \ x_2) \qquad (2\text{—}35)$$

且有 $\dfrac{\partial I_t}{\partial g_t} > 0$，$\dfrac{\partial I_t}{\partial y_t} > 0$，$\dfrac{\partial I_t}{\partial GDP_t} > 0$，$\dfrac{\partial I_t}{\partial A_{FDI_t}} > 0$

其中，x_2 代表影响 FDI 收益的其他变量。

同时，FDI 的成本（C_t）主要受到东道国相关生产要素成本的影响，例如，人力资本水平（HR）、技术水平（A）、劳动力人数［用人口数量（P）来衡量］、资源禀赋［用现有资源储量（R）来衡量］、环境管制标准（设为 er）、税率水平（设为 tr）、利率水平（设为 ir）等。则存在如下关系：

$$C_t = h_3\ (HR_t,\ A_t,\ P_t,\ R_t,\ er_t,\ tr_t,\ ir_t,\ x_3)\quad (2\text{—}36)$$

且有 $\dfrac{\partial C_t}{\partial HR_t} > 0$，$\dfrac{\partial C_t}{\partial A_t} > 0$，$\dfrac{\partial C_t}{\partial P_t} < 0$，$\dfrac{\partial C_t}{\partial R_t} < 0$，$\dfrac{\partial C_t}{\partial er_t} > 0$，$\dfrac{\partial C_t}{\partial tr_t} > 0$，$\dfrac{\partial C_t}{\partial ir_t} > 0$

其中，x_3 代表影响 FDI 成本的其他变量。

公式（2—34）说明，如果 $H_t > 0$，那么 FDI 在东道国就可以获得一定的利润，但这个利润是暂时的，是仅就时间点 t 而言的利润。FDI 流入东道国不可能只是为了一时的利润，跨国公司在投资决策过程中，肯定要考虑到东道国的宏观环境，宏观环境决定了 FDI 可获得利润水平的稳定性。也就是说，要清楚利润空间（RS）的"宽度"。笔者认为，FDI 在东道国可能获得的某时间点 t 上利润水平的稳定性，主要受到东道国的可持续发展状态（SD）的影响。因为，东道国的可持续发展水平决定了该国经济的可持续增长、社会的可持续进步、资源的可持续利用和环境的可持续优化等方面，进而决定了 FDI 在该国可获得利润的长期走势和总利润的期望值。设"利润空间"的"宽"为 B，则存在如下关系：

$$B_t = SD_t \quad\quad\quad (2\text{—}37)$$

在时点 t 上，利润空间（RS_t）的"高"和"宽"确定之后，就可以得出在该时点上 FDI 的"利润面积（设为 RA_t）"了。则有如下关系：

$$RA_t = H_t B_t = (I_t - C_t) SD_t \qquad (2—38)$$

需要指出的是，利润面积（RA_t）的"高"和"宽"两个变量本身是随时间变动的量，因此，"利润面积"也是随时间变动的量。

那么，利润空间（RS_t）的第三个维度"长"就显而易见了——时间维度（用 D 来表示）。FDI 在东道国的投资期跨度，一般是由跨国公司主观界定的计划期限，设这个期限长度为 d。例如，跨国公司在某个东道国的投资计划期通常为 10 年、15 年或 20 年等，则 $d = 10$、$d = 15$ 或 $d = 20$。利润空间（RS_t）实际上反映的是预期的利润总额，它是利润面（RA_t）在时间轴上从时间点 0 向后运行到时间点 d 之间的集合（见图 2—5），即存在如下关系：

$$RS_t = D \cdot RA_t = \sum_{t=0}^{d} RA_t = \sum_{t=0}^{d} (I_t - C_t) SD_t \qquad (2—39)$$

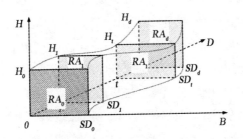

图 2—5　FDI 在东道国的"利润空间"示意图

2. 东道国可持续发展对 FDI 流入的作用

命题 6：东道国可持续发展水平对 FDI 流入具有正向作用。

证明：由公式（2—39）可知，当其他条件不变时，东道国的可持续发展状态水平（SD_t）越高，则东道国为 FDI 所能提供的利润空间就越大，即有 $\dfrac{\partial RS_t}{\partial SD_t} > 0$；根据公式（2—33），有 $\dfrac{\partial FDI_t}{\partial RS_t} > 0$。进而，可以导出 $\dfrac{\partial FDI_t}{\partial SD_t} > 0$。该关系式表明，当其他条件不变时，东道国的可持续发展水平越高，FDI 的流入规模就越大，即东道国可持续发展水平对 FDI 流入具有正向作用。

（二）东道国影响 FDI 流入结构的因素

FDI 的流入结构是指 FDI 在不同产业、不同进入方式、不同来源地等方面形成的某种比例结构。这种结构可以用其中各分项上 FDI 流入额占总流入额的比重来衡量，例如，FDI 的产业分布可以用某个产业的 FDI 流入额占总流入额的比重来衡量；FDI 的进入方式结构可以用跨国并购额或者新建投资额占总 FDI 流入额的比重来衡量；FDI 的来源地结构可以用不同来源地的 FDI 流入额占总流入额的比重来衡量。由此可见，FDI 的流入结构问题归根结底是不同结构项目上的 FDI 流入规模问题，这与 FDI 流入规模在不同东道国之间的分布结构问题是一样的。

因此，笔者认为，FDI 流入结构问题仍可用利润空间来解释：FDI 之所以在不同结构项目上具有不同的分布特征，是因为不同结构项目上的相关因素所提供的利润空间是不同的。

值得一提的是，不同结构项目所处的宏观环境是基本相同的，即利润空间的"宽（B）"（可持续发展状态 SD）与"长（D）"对所有因素应该是一致的（否则结构统计本身就失去意义了）。因此，不同结构项目上的利润空间（RS）将主要取决于它的"高度（H）"，即相关因素所具有的收益与成本之差。

下面将主要以利润空间对 FDI 产业分布结构的影响为例，阐述利润空间对 FDI 流入所形成的不同结构项目的影响因素。

1. FDI 流入规模的产业排序与利润空间的产业排序是相同的。

设东道国共有 m 个产业。笔者认为，如果 FDI 在东道国 j 产业上的流入规模（设为 FDI_j，$j = 1，2，3，\cdots，m$）最多，那么这个产业所能创造的利润空间（设为 RS_j）一定是最大的。由公式（2—33），可得产业上的 FDI 流入规模函数如下：

$$FDI_j = h_4 \ (RS_j，x_4)，且有 \frac{\partial FDI_j}{\partial RS_j} > 0 \qquad (2—40)$$

其中，x_4 代表影响 FDI 在不同产业上流入规模的其他变量。

设东道国在 m 个产业上的利润空间排序方式如下：

$$RS_1 > RS_2 > \cdots > RS_j > RS_{j+1} > \cdots > RS_m \qquad (2—41)$$

同时，设 m 个产业上的 FDI 流入规模排序方式如下：

$$FDI_1 > FDI_2 > \cdots > FDI_{j+1} > FDI_j > \cdots > FDI_m \qquad (2—42)$$

通过比较表达式（2—41）和（2—42），可以看出，j 产业和 $j+1$ 产业上的 FDI 流入规模排序和利润空间的排序是相反的，即目前东道国不同产业上的 FDI 流入规模的排序与相应产业所能提供的利润空间的排序是"不同的"。由式（2—41）和（2—42）可以得出，当前条件下，j 产业和 $j+1$ 产业上的 FDI 利润率存在如下关系：

$$\frac{RS_j}{FDI_j} > \frac{RS_{j+1}}{FDI_j} > \frac{RS_{j+1}}{FDI_{j+1}} \qquad (2—43)$$

此关系表明，当前状态下，FDI 在 j 产业上的利润率要高于 $j+1$ 产业。根据假定：FDI 的终极目的就是追求利润，可以断定，$j+1$ 产业的一部分 FDI 为了获得更高的利润回报，必然会向 j 产业流动。即 FDI_{j+1} 减少，FDI_j 增加，同时造成 j 产业的 FDI 利润率下降，$j+1$ 产业的 FDI 利润率上升。当这种 FDI 的流动使两个产业的 FDI 利润率相等时，即 $\dfrac{RS_j}{FDI_j} = \dfrac{RS_{j+1}}{FDI_{j+1}}$ 时，FDI 的跨产业转移就会终止，形成稳定状态。此时，j 产业和 $j+1$ 产业的 FDI 流入规模关系变为：$FDI_j > FDI_{j+1}$。[①]

这样，东道国 m 个产业上的 FDI 流入规模排序就变成如下方式：

$$FDI_1 > FDI_2 > \cdots > FDI_j > FDI_{j+1} > \cdots > FDI_m \quad (2\text{—}44)$$

由式（2—41）和（2—44）可以看出，在 FDI 不受利润差异影响而流动时，即东道国各产业上的 FDI 进入稳定状态后，m 个产业上的 FDI 流入规模的排序与利润空间的排序是"相同的"。

同时，可以得出，这种排序稳定状态的充要条件如下：

$$\frac{RS_1}{FDI_1} = \cdots = \frac{RS_j}{FDI_j} = \frac{RS_{j+1}}{FDI_{j+1}} = \cdots = \frac{RS_m}{FDI_m} \quad (2\text{—}45)$$

此式表明，只有当东道国 m 个产业上的 FDI 利润率完全相等时，各产业上的 FDI 存量排序与利润空间排序才是相同的。

2. 影响不同产业利润空间的因素。

由公式（2—39），可得出产业上的利润空间关系式如下：

$$RS_j = \sum_{t=0}^{d} H_{jt} B_t = \sum_{t=0}^{d} (I_{jt} - C_{jt}) SD_t \quad (2\text{—}46)$$

在产业结构项目上，影响 FDI 利润空间高度（H_j）的因素会有所变化。首先，影响 FDI 在 j 产业上的收益（I_j）的因素主要有：j 产业的平均利润率（设为 gr_j）、市场容量（用该产业所创造的 GDP 来衡量，设为 GDP_j），以及 FDI 在该产业领域的技

[①] 由 $\dfrac{RS_j}{FDI_j} = \dfrac{RS_{j+1}}{FDI_{j+1}}$，可以导出 $\dfrac{RS_j}{RS_{j+1}} = \dfrac{FDI_j}{FDI_{j+1}}$，因为 $RS_j > RS_{j+1}$，即有 $\dfrac{RS_j}{RS_{j+1}} > 1$，所以若 $\dfrac{FDI_j}{FDI_{j+1}} > 1$，那么可以导出 $FDI_j > FDI_{j+1}$。

术水平（A_{FDI_j}）等；其次，影响 FDI 在 j 产业上的成本（C_j）的因素主要有：该产业上的人力资本水平（设为 HR_j）、技术水平（设为 A_j）、劳动力人数（设为 P_j）、资源供给状况（设为 R_j）、环境管制标准（设为 er_j）、税率水平（设为 tr_j）等。因此，可以分别得出 FDI 在 j 产业上的收益函数和成本函数如下：

$$I_{jt} = h_5 \ (gr_{jt}, \ GDP_{jt}, \ A_{FDI_{jt}}, \ x_5) \qquad (2\text{—}47)$$

且有 $\dfrac{\partial I_{jt}}{\partial g_{jt}} > 0$，$\dfrac{\partial I_{jt}}{\partial GDP_{jt}} > 0$，$\dfrac{\partial I_{jt}}{\partial A_{FDI_{jt}}} > 0$

其中，x_5 代表影响 FDI 在 j 产业上的收益的其他变量。

$$C_{jt} = h_6 \ (HR_{jt}, \ A_{jt}, \ P_{jt}, \ R_{jt}, \ er_{jt}, \ tr_{jt}, \ x_6) \qquad (2\text{—}48)$$

且有 $\dfrac{\partial C_{jt}}{\partial HR_{jt}} > 0$，$\dfrac{\partial C_{jt}}{\partial A_{jt}} > 0$，$\dfrac{\partial C_{jt}}{\partial P_{jt}} < 0$，$\dfrac{\partial C_{jt}}{\partial R_{jt}} < 0$，$\dfrac{\partial C_{jt}}{\partial er_{jt}} < 0$，$\dfrac{\partial C_{jt}}{\partial tr_{jt}} > 0$

其中，x_6 代表影响 FDI 在 j 产业上的成本的其他变量。

综上所述，在不同产业上所具有的不同利润空间，形成了对 FDI 流入的不同驱动力，因此形成了 FDI 在产业上的分布结构。依此类推，在对 FDI 的进入方式和来源地的结构分析上，也可以同样适用利润空间的观点，只不过在相应分析项目上，需要注意影响 FDI 成本和收益的因素是有所不同的。例如，在分析 FDI 来源地结构时，需要注意不同来源地与东道国之间所具有的文化特性、心理距离和地理距离等因素对 FDI 的成本和收益的影响；在对 FDI 进入方式进行分析时，需要注意东道国资本市场、行业竞争情况等因素对不同进入方式下的 FDI 成本和收益的影响。

第三章

FDI 与东道国可持续发展相互作用关系实证检验

第一节 可持续发展的度量

在对 FDI 与东道国可持续发展的相互作用关系进行计量检验之前，必须解决东道国可持续发展的度量问题。由于可持续发展并不是一个现实的或可直接统计的变量，因此，可持续发展的状态或水平究竟应该怎样度量，仍是一个学术难题。前文所设计的东道国可持续发展状态，虽然由各子系统的资本变量构成，但是仍无法对其进行直接统计。它实际上是一个估计值或是一个抽象的指数，而不像一国的国内生产总值（GDP）那样可用来反映实际的国内总产出，并且具有可参照的实际标的单位。目前，学术界和统计工作领域普遍采用建立评价指标体系的方式来度量可持续发展的绩效或水平，本书也将采用此方式。

一 可持续发展评价指标体系

评价指标体系是指为完成一定研究目的而由若干相互联系的指标组成的指标集合。可持续发展的评价指标体系，是对一定时点上的可持续发展状态或绩效进行评价的基础，是综合反映一个区域可持续发展水平的依据。由于可持续发展系统是非线性、复杂和开放的系统，其影响因素有哪些，哪些是重要的而哪些是不重要的，因素之间有怎样的因果关系等问题尚难以给出答案。因此，可持续发展的评价指标体系构建是可持续发展评价的关键，指标的选取和指标体系的构建过程本身就是可持续发展研究和评价的一部分。

（一）已有的可持续发展评价指标体系

20 世纪 80 年代末 90 年代初，关于可持续发展评价指标体系的研究进入高潮。联合国开发计划署（UNDP）、联合国环境规划署（UNEP）、联合国统计局（UNSTAT）、世界银行（WB）、美国世界资源研究所（WRI）、经济合作与发展组织（OECD）、世界粮农组织（FAO）、加拿大国际发展研究中心、荷兰政府、日本政府等国际机构、政府和民间机构，在可持续发展指标研究方面做了大量工作，但至今还没有形成一套通用的可持续性指标。国际上有关可持续发展的评价指标体系主要有以下几种：

1. 单一指标类型，如联合国开发计划署提出的人文发展指数（HDI）、世界资源研究所（WRI）提出的绿色 GNP 指标、世界银行开发的"国家财富"指标等；

2. 综合核算体系类型，如联合国组织开发的环境经济核算体系（SEEA）、荷兰政府构建的国家环境核算体系等；

3. 多指标类型，如英国政府提出的可持续发展指标（共计有 118 个指标）、美国政府提出的可持续发展进展指标等；

4. "压力—状态—响应"指标类型，如联合国可持续发展委员会（UNCSD）提出的"驱动力—状态—响应指标"（DSR）体系。

此外，国际上新近提出了度量可持续发展的一些新概念及计算模式，部分已开始实际应用研究，如瓦克纳格尔等（M. Wackernagel et al., 1999）的"生态足迹"（Ecological Footprint）

模式①、普雷斯科特—阿伦（Prescott – Allen，1995）的"可持续性晴雨表"（Barometer of Sustainability）②，以及柯布等（Cobb et al.，1995）的"真实进步指标"（Genuine Progress Indicator，GPI）等③。

（二）指标选取的原则

可持续发展评价指标体系之于真实的可持续发展，类似于抽样样本之于总体样本的关系。要使评级指标体系的评价值更接近于真实的可持续发展水平，就必须按照一定的原则科学而有效地选取指标并构建其体系。

1. 整体性与层次性原则。整体性是指既要有反映东道国可持续发展水平的指标，又要有反映各子系统之间关系的指标。层次性是指将东道国可持续发展评价指标体系的结构分成若干个递阶层次，以使指标体系更合理和更清晰。

2. 科学性与可操作性原则。科学性是指可持续发展评价指标体系要能客观地和真实地反映东道国可持续发展的状态，并能较好地量度可持续发展主要目标的实现程度。可操作性是指评价指标体系中的指标数据应易于获取，具有可比性，易于定量化及其他操作等。

3. 独立性与协调性原则。独立性是指可持续发展评价指标体系中的各指标之间应保持相互独立，避免同一内涵指标的重复。协调性是指可持续发展评价指标体系中的任一指标需要与其

---

① Wackernagel, M. et al., 1999, "Tracking the Ecological Overshoot of the Human Economy", *Proceedings of the Academy of Science paper*, No. 14: 9266 – 9271.

② Prescott – Allen, R., 1995, *Barometer of Sustainability*: *A Method of Assessing Progress towards Sustainable Societies*. PADATA, Victoria, Canada.

③ Cobb, C.; Halstead, T. and Rowe, J., 1995, *The Genuine Progress Indicator*: *Summary of Data and Methodology*, San Francisco: Redefining Progress.

他指标之间具有密切的内在联系，同时又有利于确定各指标的权重。

4. 动态性与稳定性原则。动态性是指反映可持续发展的指标应充分考虑动态变化特点，能较好地刻画与度量未来的发展。同时，指标还需有一定稳定性，即在指标的数据大小随时间变化而变化的同时，指标所反映的内涵不应发生变化。

（三）指标体系的层次与结构

根据构建可持续发展评价指标体系的基本原则，参照国内外已有研究所构建的可持续发展评价指标体系，本书将东道国可持续发展评价指标体系分成四个子系统指标，即经济子系统指标、社会子系统指标、环境子系统指标和资源子系统指标。然后，选取各子系统的最具代表性的单项指标，并确定各单项指标的单位和分级标准。

基于以上原则和思路，东道国可持续发展评价指标体系一般包括三个层次：第一层是目标层，即东道国可持续发展评价值；第二层是准则层，主要包括四个子系统；第三层是指标层，包括若干个单项指标及其代码和指标单位。

本书对 FDI 与东道国可持续发展相互作用关系的研究，主要涉及对世界范围内的样本国家可持续发展评价和对中国范围内各省（直辖市、自治区）的可持续发展评价。本书设计了包括 36 项指标的世界可持续发展评价指标体系和包括 40 项指标的中国可持续发展评价指标体系。受统计数据来源的限制，这两个指标体系所含指标有所不同，但二者的层次结构与相应指标所具有的度量含义是基本一致的（见附表 1 和附表 2）。

（四）指标的无量纲化

上述可持续发展评价指标体系中的指标，其性质和量纲是不同的，可分为：效益型指标、成本型指标和区间型指标。对于效益型指标，其值越大越好；成本型指标，其值越小越好；区间型指标以其值落在某一特定的区域为最佳。由于各分指标具有不同量纲和类型，故指标间具有不可共度性，这就要求把这些指标通过某种效用函数进行无量纲化，映射到一个有限区间中去。

设被评价样本集为 SP，$SP = \{SP_1, SP_2, \cdots, SP_m\}$，$O = \{O_1, O_2, \cdots, O_n\}$ 是评价指标体系中的 n 个分指标，它们具有不同的类型和量纲，评价指标矩阵 X 如下：

$$X = \begin{bmatrix} X_{11} & X_{12} & \cdots & X_{1n} \\ X_{21} & X_{22} & \cdots & X_{2n} \\ \vdots & \vdots & \cdots & M \\ X_{m1} & X_{m2} & \cdots & X_{mn} \end{bmatrix} \tag{3—1}$$

记 $\overline{O_j}$ 为第 j 各分指标 O_j 的平均值：

$$\overline{O_j} = \left(\sum_{i=1}^{m} X_{ij} \right) / m \tag{3—2}$$

对效益型指标，记中间变量：

$$M_{ij} = \frac{X_{ij} - \overline{O_j}}{\overline{O_j}} \tag{3—3}$$

对成本型指标，记中间变量：

$$M_{ij} = \frac{\overline{O_j} - X_{ij}}{\overline{O_j}} \tag{3—4}$$

对区间型指标：

当 $X_{ij} \geqslant O_{max}$ 时，记中间变量：

$$M_{ij} = \frac{O_{max} - X_{ij}}{O_{max}} \tag{3—5}$$

当 $X_{ij} \leqslant O_{min}$ 时，记中间变量：

$$M_{ij} = \frac{X_{ij} - O_{min}}{O_{min}} \tag{3—6}$$

当 $O_{min} \leqslant X_{ij} \leqslant O_{max}$ 时，记中间变量：

$$M_{ij} = \frac{X_{ij} - \overline{O_j}}{O_{max} - O_{min}} \tag{3—7}$$

其中，O_{max} 和 O_{min} 分别为区间型指标的上下界。本书中上限 O_{max} 根据世界银行关于《世界发展指标》的相关界定和中国可持续发展评价标准综合分析确定，下限 O_{min} 为各类评价指标的平均值，依据区域可持续发展的最低要求综合确定。

将原始指标值 X_{ij} 按下式转化到 [－1，1] 区间上的效用函数如下：

$$Y_{ij} = \frac{1 - e^{-M_{ij}}}{1 + e^{-M_{ij}}} \tag{3—8}$$

此法与归一化方法不同，可以防止某一分指标效用函数值过大而左右整个综合指标，且原始值小于平均值时效用函数为负，真正体现"奖优罚劣"的原则。

二　BP人工神经网络模型

近年来，国内外发展起来的可拓集合、集对分析、投影寻踪技术、神经网络、概率神经网络、禁忌搜索算法、模拟退火算法、遗传算法、量子遗传算法、蚁群算法、鱼群算法、粒子群算法、支持向量机等新理论和新优化方法已在众多领域得到应用。但这些方法在可持续发展领域中的应用还鲜为人知，对这方面的研究也不多见。[1] 在众多可持续发展评价模型和方法之中，BP人工神经网络模型是解决非线性、不确定性和不确知系统问题的较好的模型，它具有大规模处理并行信息的能力，分布式信息存贮，自组织、自学习和自适应能力，泛化能力、联想能力和非线性映射能力，具有较强的容错性与壮实性等特点，因此本书选用

---

① 李祚泳、汪嘉杨、熊建秋、徐婷婷：《可持续发展评价模型与应用》，科学出版社2007年版，第1—3页。

BP 人工神经网络模型来构建东道国可持续发展的评价模型。

（一）BP 网络模型

人工神经网络（artificial neural network，ANN）是在人类对其大脑神经网络认识理解的基础上，人工构造的能够实现某种功能的神经网络。它是理论化的人脑神经网络的数学模型，是基于模仿大脑神经网络结构和功能而建立的一种信息处理系统。

早期带有隐含层的多层前馈型神经网络确实能大大提高网络的分析能力，但是当神经网络的层次和神经元数量较多时，由于没有解决权值调整问题的有效算法，确定层次之间输入—输出映射关系的学习过程就变得非常复杂。BP 人工神经网络则通过采用误差反向传播（error back propagation）的学习算法，使多层前馈型神经网络的权值调整问题得以解决。1986 年，鲁梅哈特和辛顿（D. E. Rumelhart and G. E. Hinton）对具有非线性连续函数的多层前馈型神经网络的误差反向传播算法进行了详尽的分析[1]。由于多层前馈型神经网络的训练经常采用误差反向传播算法，即 BP 算法，因此这种多层前馈神经网络也被称为 BP 网络。

1. BP 人工神经网络的基本结构。BP 人工神经网络是一种多层前馈型神经网络，其神经元的传递函数是 S 型函数，输出量为 0 到 1 之间的连续量。它可以实现从输入到输出的任意非线性映射。就结构而言，BP 网络分为输入层、隐含层和输出层，各层之间实行全连接，前层神经元的输出不能反馈到更前层，同层神经元间也没有连接（见图 3—1）。

2. BP 网络的基本思想。BP 网络算法的基本思想是：学习过程由信号的正向传播和误差的反向传播组成。正向传播时，样本

---

[1] Rumelhart, D. E. and Hinton, G. E., 1986, "Learning Representation by Back - propagation Errors", *Nature*, 7, pp. 149 – 154.

信号从输入层输入节点输入，经各隐含层逐层处理后，传出输出层；若从输出层输出节点的实际输出与期望的输出不符，则转入误差的反向传播阶段，误差反向传播是将误差以某种形式通过隐含层向输入层逐层反传，并将误差分摊给各层的所有神经元，从而获得各层单元的误差信号，此误差信号即作为修正各单元权值的依据。这种信号正向传播与误差反向传播的各层权值调整过程，是周而复始地进行的。权值不断调整的过程，也就是网络的学习训练过程。此过程一直进行到网络输出的误差减少到可以接受的程度，或进行到预先设定的最大学习次数为止。

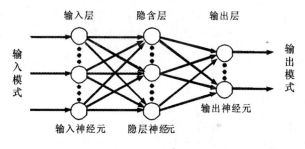

图 3—1　　BP 网络结构示意图

（二）BP 网络的构建过程

BP 网络的构建主要包括四个步骤：网络生成、初始化、训练和仿真。

1. 网络生成。本书利用 Matlab 软件的函数 newff（ ）生成 BP 网络。newff（ ）函数的括号部分需要四个输入条件，依次是：由 R 维的输入样本最大最小值构成的 R×2 维矩阵、各层的神经元个数、各层神经元的传递函数、训练用函数的名称。设所构建网络为 net，训练样本为 LS，则生成 BP 网络的一般命令格式如下：

$$net = mewff (\min \max (LS), [m, l],$$

$$\{'tan\ sig', 'purelin'\}, 'traincgb') \qquad (3—9)$$

2. 网络初始化。BP网络初始化需设定的相关参数主要包括：最大训练次数（epochs）、训练要求精度（goal）、学习率（lr）、最大失败次数（max_fail）、最小梯度要求（min_grad）、显示训练迭代过程（show）、最大训练时间（time）等。训练过程中，只要满足上述任意一个条件，训练就会终止。

3. 网络训练。BP网络训练需要一组训练样本，该样本由输入样本和期望输出对组成。设训练样本的期望输出为ES，则BP网络训练的一般命令格式为：

$$[net,\ tr] = train\ (net,\ LS,\ ES) \qquad (3—10)$$

目前，BP网络的训练函数有很多种，并各有特点（见表3—1），但没有一种函数能够适应所有情况下的训练过程，因此在实际应用过程中，应用者需要结合特定样本性质进行有针对性的选用。

表3—1　　　　　　BP人工神经网络的训练函数

函数	函数名称	基本思想	优缺点
traingd	梯度下降法	按照k时刻反馈误差的负梯度方向修正连接权值	收敛速度慢、存在局部极值、难以确定隐含层和隐含层节点个数
traingdm	有动量梯度下降法	加入动量项，梯度方向变化考虑到以前积累的经验	减小了学习过程的震荡趋势，改善了收敛性
traingda	有自适应学习速率的梯度下降法	进一步加入了学习速率变动项	能够在训练过程中自适应调整学习速率，增加了稳定性、速度和精度

续表

函数	函数名称	基本思想	优缺点
trainrp	弹性梯度下降法	加入梯度弹性控制项	会根据多层网络的数量级调整权值和阈值的调整梯度，适用于大型网络
traincgf	Fletcher – Reeves 共轭梯度法	寻找与负梯度方向和上一次搜索方向共轭的方向作为新的搜索方向	进一步加快了训练速度，提高了精度，弥补梯度法振荡和收敛性差的缺点，适用于大型网络
traincgp	Polak – Ribiére 共轭梯度法		
Traincgb	Powell – Beale 共轭梯度法		
trainscg	量化共轭梯度法		
trainbfg	拟牛顿算法	引进一组矩阵来替代牛顿算法中每步都需计算的 Hessian 阵	避免了牛顿算法的繁琐计算、收敛速度比共轭梯度法更快，适用于维数较高的问题
trainoss	一步正割法	在每次迭代中，假设上一次循环的 Hessian 阵是恒定的	省去了 Hessian 阵求逆的过程，适用于电脑内存空间有限的情况
trainlm	Levenberg – Marquardt 训练法	若表现函数是平方和的形式，采用 Jacobian 阵来替代 Hessian 阵	不需要计算 Hessian 阵，适用于中小型网络

　　4. 网络仿真。BP 网络训练完成之后，就可以用来进行仿真了。网络仿真就是将需要考察的样本输入到已经训练好的 BP 网络结构中，从而得出某种输出结果的过程。Matlab 中提供的 BP

网络仿真函数为 sim（ ）。设训练好的网络为 net，需考察的样本矩阵为 SP，其输出结果为 a，则 BP 网络仿真的一般命令格式如下：

$$a = sim（net，SP）\qquad (3\text{—}11)$$

三　基于 BP 网络的世界和中国可持续发展评价

为了研究 FDI 与东道国可持续发展的相互作用关系，本书需要从全球的角度对二者的关系进行一般研究，然后再结合相关研究观点对 FDI 与中国可持续发展之间的关系进行个体研究。因此，本书首先要利用 BP 网络对世界的和中国的可持续发展水平进行评价。

（一）数据来源与训练样本

1. 数据来源。为了对世界可持续发展水平进行系统的评价，本书从全球 220 多个国家和地区中选取了 50 个国家作为评价样本（见附表 5）。并按照附表 1 中所列指标进行相关数据收集，数据主要来源为联合国贸发会议（UNCTAD）出版的各年度《世界投资报告》、世界银行（WB）出版的各年度《世界发展指标》、英国 BP 公司出版的各年度《BP 世界能源统计报告》和中国国家统计局出版的《国际统计年鉴》等。样本数据的时间跨度为 10 年：1997—2006 年（1990 年的数据作为比较之用，将不纳入时间序列回归模型）。

在对中国可持续发展水平进行评价时，本书选取除中国台湾、香港特别行政区、澳门特别行政区之外的所有内陆省、直辖市和自治区作为评价样本（见附表 6，由于重庆 1997 年脱离四川省成为直辖市，为了保持数据的连续性，重庆的数据与四川合并在一起，因此样本的数量为 30 个）。按照附表 2 中所列指标进行数据收集，数据主要来源为中国国家统计局出版的各年度

《中国统计年鉴》、《中国科技统计年鉴》、《中国能源统计年鉴》、《中国环境统计年鉴》等。样本数据的时间跨度为16年：1992—2007年。

2. 构造BP网络训练样本。训练样本主要是根据可持续发展评价指标体系中的各指标分级标准和理想输出给定。首先，本书对收集到的各样本的各指标划分分级标准；其次，采用前文提到的指标无量纲化方法，对各类可持续发展指标的分级标准进行归一化处理；最后，将经过效用函数（3—8）处理过的各类指标分级标准值作为训练样本的输入值，以总体的理想分级标准作为输出值，构造出可持续发展的BP网络训练样本。本书通过如上方法得出的由六个训练输入向量组成的矩阵，即为BP网络训练样本的输入矩阵（见附表3和附表4）。例如，设世界可持续发展BP网络训练输入矩阵为 LS，则可表示如下：

$$LS = \begin{bmatrix} 0.880 & 0.447 & \cdots & 0.462 \\ 0.635 & 0.277 & \cdots & 0.417 \\ \vdots & \vdots & \cdots & \vdots \\ -0.437 & -0.462 & \cdots & -0.938 \end{bmatrix} \quad (3—12)$$

经过BP网络输出的可持续发展综合评价值 SD 满足条件 $SD \in [0, 1]$，同时各指标的分级标准也被划分为六个：当 $SD \geq 0.8$ 时，为高度可持续发展水平；当 $0.6 \leq SD < 0.8$ 时，为中高度可持续发展水平；当 $0.5 \leq SD < 0.6$ 时，为中度可持续发展水平；当 $0.4 \leq SD < 0.5$ 时，为中低度可持续发展水平；当 $0.2 \leq SD < 0.4$ 时，为低度可持续发展水平；当 $SD < 0.2$ 时，为不可持续发展水平。因此，本书在 $[0, 1]$ 区间上给出一个期望输出值，其大小定为：

$$ES = \begin{bmatrix} 0.8 & 0.6 & 0.5 & 0.2 & 0.1 \end{bmatrix} \quad (3—13)$$

（二）可持续发展 BP 网络的生成与训练

在训练样本准备好之后，需要进行可持续发展 BP 网络生成和初始化，进而展开 BP 网络训练。根据世界可持续发展评价指标体系的特征，本书利用 Matlab 中的 newff（）函数构建一个拥有36 个输入神经元，36 个隐含层神经元和 1 个输出神经元的世界可持续发展 BP 网络。输入层到隐含层的传递函数为 tansig（），隐含层到输出层传递函数为 purelin（），训练函数的算法采用运算速度较快和精度较高的"量化共轭梯度法"（调用函数为 train-scg）。训练函数的相关参数设定如下：最大训练次数（epochs）为 1000；训练要求精度（goal）为 $1e^{-5}$；显示训练迭代过程（show）为 50；其他参数设为默认值。命令函数如下：

$net = newff$（min max（LS），［36，1］ ｛$'TAN\ sig'$，$'purelin'$｝，$'trainscg'$）；

$net.\ trainParam.\ show = 50$；

$net.\ trainParam.\ epochs = 1000$；

$net.\ trainParam.\ goal = 1e - 5$

同样，根据中国可持续发展评价指标体系的特征，利用 newff（）函数构建一个拥有 40 个输入神经元，40 个隐含层神经元和 1 个输出神经元的中国可持续发展 BP 网络。其他相关函数和参数设定与世界可持续发展的 BP 网络评价模型一致。这样，BP 网络构建完成后，即可执行［net，tr］= $train$（net，LS，ES）语句进行 BP 网络训练。

（三）BP 网络训练结果

世界的和中国的可持续发展 BP 网络训练结果如下：

1. 世界的可持续发展 BP 网络训练在经过了 23 次的学习后，网络趋于稳定，系统平均误差为 $7.47517e^{-6} < 1e^{-5}$，达到训练精度要求（goal），训练结束（训练过程见图 3—2）。得到实际输

出值为［0. 7993 0. 6050 0. 5003 0. 3966 0. 2017 0. 0980］。从训练
结果看，其相对误差仅为［0. 09%　- 0. 83%　- 0. 06%　0. 85%
- 0. 85%　2. 00%］，网络训练成功。

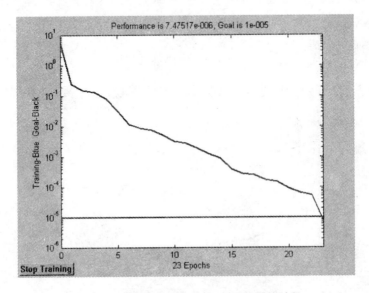

图3—2　世界可持续发展的 BP 网络训练过程

2. 中国的可持续发展 BP 网络训练在经过了 33 次的学习后，
网络趋于稳定，系统平均误差为 $7.9081e^{-6} < 1e^{-5}$，达到训练精
度要求，训练结束（训练过程见图3—3）。得到实际输出值为
［0. 8008 0. 5966 0. 5024 0. 3991 0. 1965 0. 1022］。从训练结果看，
其相对误差仅为 ［- 0. 1%　0. 57%　- 0. 48%　0. 23%　1. 75%
-2. 2%］，网络训练成功。

（四）仿真输出与可持续发展系统内部关系检验

1. 仿真输出：世界和中国可持续发展的评价值

利用训练好的世界和中国可持续发展评价的 BP 网络，输入

各样本国家和中国各省（直辖市、自治区）的各年度相关指标
标准化数据，就会得出考察期内（1990 年，1997—2006 年）各
样本国家和中国各省（直辖市、自治区）的可持续发展总水平
的评价值（见附表5 和附表6）。根据附表5 中样本国家的可持
续发展评价值，可以绘出世界和中国的可持续发展趋势图（见
图3—4 和图3—5）。

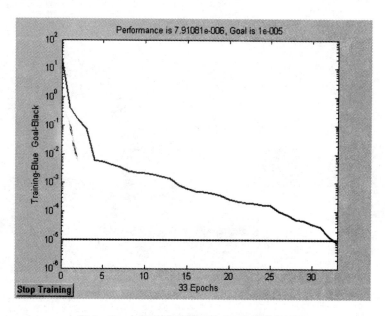

图3—3　中国可持续发展的 BP 网络训练过程

由图3—4 可以看出，1997—2006 年，世界可持续发展呈现
出先降后升的趋势，且评价值主要介于0.53—0.56 之间，处于
中度可持续发展水平。其中，发达国家的可持续发展评价值维持
在0.6 以上，说明发达国家一直处于中高度可持续发展水平上；
而发展中国家的可持续发展评价值多在0.4—0.5 之间，因此，

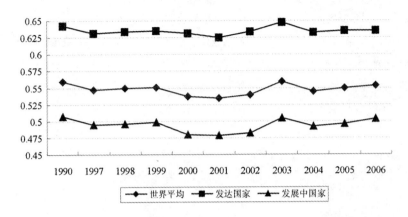

图 3—4　世界可持续发展趋势图（1990 年，1997—2006 年）

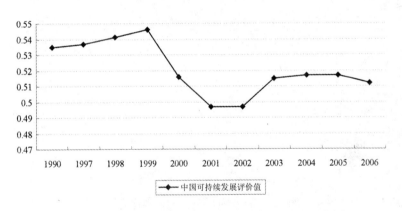

图 3—5　中国可持续发展趋势图（1990 年，1997—2006 年）

发展中国家的可持续发展水平多属于中低度可持续发展水平。

　　由图 3—5 可以看出，1997—2006 年，中国的可持续发展总体上呈逐渐下降趋势，其评价值主要介于 0.49—0.55 之间，这表明中国可持续发展徘徊于中度和中低度可持续发展水平之间，总体表现逊于世界可持续发展平均水平。

2. 可持续发展系统的内部关系检验

根据上述 BP 网络模型和方法,可以求得各样本国家和中国各省(直辖市、自治区)的经济子系统、社会子系统、环境子系统和资源子系统的可持续发展评价值(详见附表 7 至附表 14)。根据世界可持续发展评价的 BP 网络和样本国家数据,可以计算出世界的和中国的可持续发展各子系统的平均评价值(见表 3—2 和表 3—3)。

表 3—2　　　　　　世界可持续发展各子系统的评价值

系统类型	1990	1997	1998	1999	2000	2001	2002	2003	2004	2005	2006
经济子系统	0.581	0.588	0.582	0.579	0.541	0.537	0.604	0.555	0.555	0.568	0.581
社会子系统	0.619	0.619	0.621	0.586	0.609	0.623	0.620	0.631	0.637	0.640	0.619
环境子系统	0.551	0.550	0.591	0.588	0.600	0.633	0.629	0.606	0.606	0.607	0.551
资源子系统	0.397	0.397	0.391	0.392	0.391	0.387	0.385	0.386	0.390	0.388	0.397
总系统	0.559	0.547	0.549	0.550	0.537	0.535	0.540	0.559	0.545	0.549	0.553

表 3—3　　　　　　中国可持续发展各子系统的评价值

系统类型	1990	1997	1998	1999	2000	2001	2002	2003	2004	2005	2006
经济子系统	0.579	0.603	0.617	0.618	0.615	0.530	0.506	0.565	0.570	0.573	0.572
社会子系统	0.605	0.590	0.590	0.587	0.504	0.514	0.537	0.545	0.552	0.541	0.551
环境子系统	0.673	0.627	0.631	0.654	0.657	0.683	0.690	0.667	0.642	0.660	0.658
资源子系统	0.322	0.337	0.337	0.347	0.344	0.350	0.347	0.344	0.345	0.349	0.318
总系统	0.535	0.537	0.541	0.546	0.516	0.497	0.497	0.515	0.517	0.517	0.512

利用世界的和中国的可持续发展各系统的平均评价值,可将中国与世界的可持续发展系统内部关系进行比较。由前文公式(2—3)可知,东道国总资本存量由四个子系统的资本存量构

成，即 $Z_t = \varphi_1 Y_t + \varphi_2 S_t + \varphi_3 R_t + \varphi_4 E_t$，进一步地可得出如下关系式：

$$SD_t = (\varphi_1 Y_t + \varphi_2 S_t + \varphi_3 R_t + \varphi_4 E_t) / P_t$$

$$= \varphi_1 \frac{Y_t}{P_t} + \varphi_2 \frac{S_t}{P_t} + \varphi_3 \frac{R_t}{P_t} + \varphi_4 \frac{E_t}{P_t} \qquad (3—14)$$

SD_t 可用 BP 网络仿真输出的可持续发展评价值来衡量，而且因为 $\dfrac{Y_t}{P_t}$、$\dfrac{S_t}{P_t}$、$\dfrac{E_t}{P_t}$、$\dfrac{R_t}{P_t}$ 分别是各子系统的人均资本存量，可将其视为各子系统的可持续发展水平。因此，公式（3—14）表明的是可持续发展总系统与各子系统之间的关系。下面，以表 3—2 和表 3—3 的数据作为样本，可分别求得世界的和中国的可持续发展总系统与各子系统之间的关系。利用 Eviews 软件，可求得估计结果（见表 3—4）。

将估计结果代入方程（3—14），可分别获得世界的和中国的可持续发展总系统和各子系统之间的关系式如下：

$$SDW = 0.31 \times SDWY + 0.35 \times SDWS + 0.12 \times$$
$$SDWE + 0.43 \times SDWR - 0.09 \qquad (3—15)$$
$$SDC = 0.32 \times SDCY + 0.34 \times SDCS + 0.10 \times$$
$$SDCE + 0.26 \times SDCR - 0.01 \qquad (3—16)$$

上两式中，SDW 和 SDC 分别指世界和中国的可持续发展总系统，$SDWY$ 与 $SDCY$、$SDWS$ 与 $SDCS$、$SDWE$ 与 $SDCE$、$SDWR$ 与 $SDCR$ 分别指世界的和中国的经济、社会、环境和资源四个子系统。通过比较两个等式可以看出，经济子系统和社会子系统对可持续发展总体水平的贡献率要高于其他两个子系统；中国的经济子系统、社会子系统和环境子系统对可持续发展总系统的贡献率与世界平均水平相比大致相当，但资源子系统对可持续发展总水平的贡献率则比世界平均水平低得多。由此可以反映出，中国

表 3—4　可持续发展总系统与各子系统之间的关系估计结果

指标	SDW	SDC
C	−0.085906	−0.005971
	(−1.621954)	(−0.519850)
SDY	0.309401 ***	0.315083 ***
	(47.19374)	(63.59143)
SDS	0.347364 ***	0.341202 ***
	(39.26755)	(67.00453)
SDE	0.121237 ***	0.102697 ***
	(7.797268)	(9.013738)
SDR	0.431476 ***	0.258051 ***
	(4.195457)	(20.65698)
调整 R^2	0.998663	0.999622
F	933.3541	5953.285
D. W. 值	3.176934	2.913420

注：本表估计由 Eviews5.0 完成，括号中为 t 统计值，*** 表示通过显著水平为 1% 的 t 检验。

在经济发展结构上，尤其是在资源的开发和利用效率上，还需进一步提高。

第二节　FDI 与东道国可持续发展相互作用关系：国别经验研究

一　FDI 与东道国可持续发展因果关系检验

（一）格兰杰因果关系检验模型

本书采用格兰杰（Granger）因果关系检验的方法研究 FDI

与东道国可持续发展之间的因果关系。格兰杰因果关系检验的基本思路是：如果 X 的变化引起 Y 的变化，则 X 的变化应当发生在 Y 的变化之前。因此，说"X 是引起 Y 变化的原因"，则必须满足两个条件：

1. X 应该有助于预测 Y，即在 Y 关于 Y 的过去值的回归中，添加 X 的过去值作为独立变量应当显著地增加回归的解释能力；

2. Y 不应有助于预测 X，其原因是如果 X 有助于预测 Y，Y 也有助于预测 X，则很可能存在一个或几个其他的变量，它们既是引起 X 变化的原因，也是引起 Y 变化的原因。[1]

要检验这两个条件是否成立，我们需要检验一个变量对预测另一个变量没有帮助的原假设。例如，要想检验"X 不是引起 Y 变化的原因"的原假设，我们把 Y 对 Y 的滞后值进行回归（无限制条件模型），再将 Y 只对 Y 的滞后值（有限制条件模型）进行回归。然后就能用一个简单的 F 检验来确定 X 的滞后值是否对第一个回归的解释能力有显著的贡献。如果贡献显著，我们就能拒绝原假设，认为数据与 X 是 Y 的原因相一致。"Y 不是引起 X 变化的原因"的原假设也用同样的方法检验。

检验 X 是否为引起 Y 变化的原因的过程如下。首先，检验"X 不是引起 Y 变化的原因"的原假设，对下列两个回归模型进行估计。

无限制条件回归方程为：

$$Y = \sum_{i=1}^{m} \alpha_i Y_{t-i} + \sum_{i=1}^{m} \beta_i X_{t-i} + \varepsilon_i \qquad (3—17)$$

---

[1]　Granger, C. W. J., 1980, "Testing for Causality: A Personal View – point", *Journal of Economic Dynamics and Control*, 2, pp. 329 – 352.

　　Granger, C. W. J., 1988, "Causality, Co – integration and Control", *Journal of Economic Dynamics and Control*, 68, pp. 213 – 228.

有限制条件回归方程为：

$$Y = \sum_{i=1}^{m} \alpha_i Y_{t-i} + \varepsilon_i \qquad (3—18)$$

然后用各回归的残差平方和计算 F 统计值，检验系数是否同时显著地不为 0。如果是这样，我们就拒绝"X 不是引起 Y 变化的原因"的原假设。检验"Y 不是引起 X 变化的原因"的原假设，做同样的回归估计即可。

Eviews 软件对这个过程是这样处理的，计算如下的双变量回归：

$$y_t = \alpha_0 + \alpha_1 y_{t-1} + L + \alpha_m y_{t-m} + \beta_1 x_{t-1} + L + \beta_m x_{t-m} \quad (3—19)$$

$$x_t = \alpha_0 + \alpha_1 x_{t-1} + L + \alpha_m x_{t-m} + \beta_1 y_{t-1} + L + \beta_m y_{t-m} \quad (3—20)$$

其中，m 是最大滞后阶数。检验的原假设是：序列 x（y）不是序列 y（x）的格兰杰成因，即有如下关系：

$$\beta_1 = \beta_2 = K = \beta_m = 0 \qquad (3—21)$$

Eviews 软件可以计算用于检验的 F 统计量及相伴概率。

（二）变量与数据

本书用于格兰杰因果检验的变量主要是样本国家可持续发展（记为 SDW），样本国家各子系统可持续发展水平［经济资本（Y，用样本国家 GDP 平均水平来衡量（记为 GDPW）］、社会资本［S，用样本国家社会子系统可持续发展评估值来衡量（记为 SDWS）］、现有资源储量［R，用样本国家资源子系统可持续发展平均评估值来衡量（记为 SDWR）］、环境承载力［E，用样本国家环境子系统可持续发展平均评估值来衡量（记为 SDWE）］和 FDI。为了反映 FDI 存量的变化，FDI 变量的数据采用 50 个样本国家各年度的 FDI 流入流量的平均值。所有数据均进行了对数化处理（见表 3—5）。为了体现 FDI 与东道国可持续发展之间关系在发达国家和发展中国家的区别，本书还将检验发达国家和发展中国家的 FDI 流入流量（分别记为 *FDIDVD* 和 *FDIDING*），与它们的可持续发展（分别记为 *SDWDVD* 和 *SDWDING*）之间的因果关系。

表 3—5　　　　　　　格兰杰因果关系检验的变量和数据

年份	FDI	FDIDVD	FDIDING	SDW	SDWDVD	SDWDING	GDPW	SDWS	SDWR	SDWE
1997	9.002	9.505	8.489	-0.705	-0.459	-0.705	6.222	-0.480	-0.924	-0.596
1998	9.351	10.023	8.466	-0.700	-0.456	-0.700	6.252	-0.480	-0.924	-0.598
1999	9.832	10.611	8.549	-0.697	-0.454	-0.697	6.303	-0.476	-0.939	-0.526
2000	10.037	10.869	8.454	-0.735	-0.461	-0.735	6.352	-0.534	-0.936	-0.531
2001	9.461	10.181	8.421	-0.736	-0.469	-0.736	6.337	-0.496	-0.939	-0.511
2002	9.196	9.884	8.266	-0.728	-0.455	-0.728	6.373	-0.473	-0.949	-0.457
2003	9.074	9.682	8.356	-0.684	-0.435	-0.684	6.492	-0.478	-0.955	-0.464
2004	9.312	9.885	8.671	-0.709	-0.458	-0.709	6.616	-0.460	-0.952	-0.501
2005	9.522	10.198	8.623	-0.701	-0.454	-0.701	6.730	-0.451	-0.942	-0.501
2006	9.958	10.690	8.873	-0.687	-0.454	-0.687	6.767	-0.446	-0.947	-0.499

注：表中数据均经过对数化（取自然对数）处理；发达国家和发展中国家各子系统的数据未列出。

（三）因果关系估计结果

将表 3—5 中的相应变量代入方程（3—19）、（3—20），根据 AIC 指标的大小（AIC 准则）来确定最优的滞后阶数，最后直接用 Eviews 软件给出因果关系检验结果（见表 3—6）。

由表 3—6 可以总结出 FDI 与东道国可持续发展及其各子系统之间存在如下因果关系：

1. FDI 与东道国可持续发展存在双向因果关系。由 a 组估计结果可以看出，东道国可持续发展水平的高低是 FDI 流入规模的原因，该结果通过了显著性水平为 5% 的 F 检验；FDI 流入规模是东道国可持续发展水平的原因，该结果通过了显著性水平为

1% 的 F 检验。这说明，FDI 与东道国可持续发展具有相互作用的关系。但这种关系在发达国家样本中没有通过验证，而发展中国家样本的估计结果表明，发展中国家的可持续发展水平是 FDI 流入规模的原因。

表 3—6　　　FDI 与东道国可持续发展的因果检验结果

		世界平均	发达国家	发展中国家
a	SDW 到 FDI 的格兰杰因果关系	** (12.0947)	— (0.17558)	* (4.75683)
	FDI 到 SDW 的格兰杰因果关系	*** (4.53250)	— (2.48092)	— (0.09050)
b	$GDPW$ 到 FDI 的格兰杰因果关系	— (0.33616)	— (1.00244)	*** (62.1113)
	FDI 到 $GDPW$ 的格兰杰因果关系	* (4.70626)	* (5.50718)	* (7.49456)
c	$SDWS$ 到 FDI 的格兰杰因果关系	** (6.77024)	— (1.35974)	— (2.48407)
	FDI 到 $SDWS$ 的格兰杰因果关系	— (1.17751)	— (0.95547)	— (0.00229)
d	$SDWR$ 到 FDI 的格兰杰因果关系	— (0.25905)	— (0.24859)	— (1.66040)
	FDI 到 $SDWR$ 的格兰杰因果关系	— (5.26693)	** (10.1405)	— (4.26173)
c	$SDWE$ 到 FDI 的格兰杰因果关系	— (0.24085)	— (0.24552)	— (0.34788)
	FDI 到 $SDWE$ 的格兰杰因果关系	* (6.86954)	— (3.84039)	— (1.00544)

注：本表估计由 Eviews5.0 完成，括号中为 F 统计值，***、**、* 分别表示通过显著水平为 1%、5%、10% 的 F 检验，"—"表示未通过显著性检验。

2. FDI 是东道国经济可持续发展的格兰杰成因。b 组的估计结果显示，FDI 是东道国经济可持续发展的原因，无论对世界平均，还是对发达国家和发展中国家，该结果均通过了显著性水平为 10% 的 F 检验。而在对发展中国家样本进行检验时发现，发展中国家的经济可持续发展水平是 FDI 流入规模的原因，该结果通过了显著性水平为 1% 的 F 检验。

3. 东道国社会可持续发展水平是 FDI 的格兰杰成因。c 组的估计结果显示，东道国社会可持续发展水平是 FDI 的格兰杰成因，通过了显著性水平为 5% 的 F 检验。但对发达国家和发展中国家，均未通过显著性检验。

4. FDI 与东道国资源子系统之间不存在明显关系。d 组的估计结果显示，FDI 与东道国资源子系统之间不存在明显的因果关系。只在发达国家，FDI 是东道国资源可持续发展水平的格兰杰成因，通过了 5% 的显著性检验。这说明，FDI 流入对东道国资源节约与提升现有资源储量水平的促进作用，在发达国家表现得比较明显，而对于世界总体和发展中国家，FDI 流入与东道国资源的可持续开发与利用没有明显关系。

5. FDI 与东道国环境可持续发展之间的作用关系较弱。e 组的估计结果显示，东道国环境可持续发展是 FDI 成因的原假设没有通过验证，FDI 是东道国环境可持续发展原因的假设，仅通过了 10% 的显著性检验，并且这二者的因果关系在发达国家和发展中国家均未通过显著性检验。这说明 FDI 与东道国环境可持续发展之间的作用关系还是比较弱的。

二　FDI 对东道国可持续发展的作用关系检验

根据前文论述，大致可以确定 FDI 对东道国可持续发展之间存在作用关系，下面需要通过相关的回归分析来确定 FDI 对东道国可持续发展及其各子系统的作用力方向和作用力大小。

（一）构建线性回归模型

基于 FDI 对东道国可持续发展作用关系的理论分析，可知

FDI 对东道国可持续发展的最初作用点在技术、人力资本和物质资本上，进而是总产出和制度质量等，也就是说，FDI 主要通过技术溢出效应、"干中学"效应、资本积累效应和制度变迁效应，对东道国的可持续发展系统施加影响。对于 FDI 的相关外部效应是否存在，或者这些效应具有多大的影响力度，已有许多文献进行了大量研究，本书这里不再作一般性的实证检验，而将其放在后文，利用中国的数据进行更具体的研究。此处，本书将把 FDI 相关外部效应所涉及的主要变量作为参考变量纳入到回归模型。

因此，本书以东道国可持续发展的总系统和各子系统为因变量，以 FDI、东道国的总产出（GDP，经济子系统除外）、技术水平（A）、人力资本水平（HR）、制度质量（STM）为自变量，构建线性回归模型如下：

$$SDW_{it} = c + \alpha_1 FDI_t + \alpha_2 GDP_t + \alpha_3 A_t + \alpha_4 HR_t + \alpha_5 STM_t + \varepsilon_t$$

$$(3\text{—}22)$$

其中，SDW_i（$i = 1, 2, 3, 4, 5$）代表东道国可持续发展总系统和经济、社会、资源、环境四个子系统；α_1、α_2、α_3、α_4、α_5 为各变量系数；c 为常数项，t 代表年度，ε_t 是误差项；其他各变量含义见表 3—7。

为了得出 FDI 对东道国可持续发展的一般作用关系，本书利用样本国家的数据进行方程的检验，各变量的数据来源与处理方式与因果关系检验中所使用的数据是一致的。

表 3—7　　　　　　　　　　变量含义描述（1）

变量	含义
SDW_i	东道国可持续发展总系统评价值和各子系统评价值
FDI	FDI 流入规模，用 FDI 占 GDP 比重来衡量

变量	含义
GDP	东道国国内生产总值
A	技术水平，用 R&D 经费占 GDP 比重来衡量
HR	人力资本水平，用公共教育支出占 GDP 比重来衡量
STM	制度质量，用开办企业所需时间来衡量

（二）FDI 对东道国可持续发展总系统作用的估计结果

利用 Eviews 软件，将样本国家 1997—2006 年的相关变量数据代入模型，采用最小二乘法对方程（3—22）进行估计，估计结果被列在表 3—8 中。

根据前文命题 5 的假设，FDI 对东道国可持续发展总系统的作用力方向，可从总资本存量增长率（z）与人口增长率（p）之间的大小关系来判断。据 1998—2008 年的《世界发展指标》统计显示，在本研究所选择样本的考察时间内（1997—2006 年），世界人口自然增长率的年均值为 1.4% 左右，即 $p = 1.4\% > 0$。据笔者计算，同期世界可持续发展评价值的年均增长率为 0.09%，进而可以算出总资本存量增长率 $z = 1.49\%$。因此，存在如下关系，$z > p > 0$。那么，按照前文的假定，在这种期限条件下，FDI 对东道国可持续发展总系统应该具有正向作用力。

表 3—8 中的 a 列为 FDI 对东道国可持续发展总系统作用关系的估计结果。该结果显示，FDI 对东道国可持续发展总系统的正向作用关系，通过了显著性水平为 5% 的 t 检验。这表明，FDI 流入规模加大时，东道国的可持续发展水平会有所提高。这与命题 5 的判断之一 ［当 $p > 0$，$z > 0$，且 $z > p$ 时，FDI 对东道国可持续发展总系统具有正向作用（见表 2—2）］是一致的。

表 3—8   FDI 对东道国可持续发展作用的估计结果

变量	a	b	c	d	e
	总系统	经济子系统	社会子系统	资源子系统	环境子系统
常数项	3.809047	4.350368	− 9.027214	− 0.916707	5.251945
	(0.577235)	(0.321570)	(− 2.385307)	(− 0.632930)	(0.546176)
FDI	0.211938**	− 0.102180*	0.354627**	− 0.020199*	0.017243
	(0.787126)	(− 0.049310)	(6.279947)	(− 0.159800)	(0.327718)
GDP	0.051839		− 0.067562	− 0.002690**	− 0.125513
	(0.635076)		(− 1.443189)	(− 0.150121)	(− 1.055195)
A	2.864464	0.678682***	3.616279***	− 2.571719*	13.38410
	(0.506800)	(0.054314)	(2.041083)	(− 2.073026)	(1.625017)
HR	0.944706	0.914960***	2.624111**	0.416206*	− 1.549795
	(0.510992)	(0.249648)	(2.474880)	(1.025687)	(− 0.575265)
STM	0.17989	0.320549	− 0.341567	− 0.074382	0.451197
	(0.454697)	(0.285171)	(− 1.505309)	(− 0.856553)	(0.782595)
调整 R^2	0.852149	0.956730	0.953392	0.908493	0.910200
F	22.5106	77.7125	16.36433	37.94254	18.10873
D. W. 值	2.215764	2.319638	2.510862	2.461277	2.389750

注：本表估计由 Eviews5.0 完成，括号中为 t 统计值，***、**、* 分别表示通过显著水平为 1%、5%、10% 的 t 检验。

（三）FDI 对东道国可持续发展各子系统作用的估计结果

表 3—8 中的 b、c、d、e 列，分别为 FDI 对东道国可持续发展经济子系统、社会子系统、资源子系统和环境子系统的作用的估计结果，从中可以看出以下几点：

1. b 列的估计结果表明，1997—2006 年，FDI 对东道国经济子系统可持续发展具有反向作用，该结果通过了 10% 的显著性检验。这符合本书对 FDI 与东道国经济子系统长期关系的界定，故命题 1 部分得证。该估计结果也表明，世界经济发展到今天，FDI流入所起的促进作用正在消失殆尽，这有可能是受到其他条件的限制，比如资源和环境的约束。同时，估计结果也表明，东道国的技术水平和人力资本水平对经济总量具有很强的正向作用，世界经济增长的根本动力来自各国技术进步和人力资本的提高。

2. c 列的估计结果表明，FDI 对东道国社会子系统的正向作用得到验证。FDI 对东道国社会子系统的正向作用通过了显著性水平为 5% 的 t 检验，因此，命题 2 得证。同时，技术水平和人力资本水平对社会可持续发展水平的正向作用关系，通过了显著性检验。

3. d 列的估计结果表明，FDI 对东道国资源子系统的反向作用通过了显著性水平为 10% 的 t 检验，故命题 3 得证。该估计结果表明，在 1997—2006 年间，随着 FDI 流入规模增加，东道国的现有资源储量变得越来越少。同时，东道国的经济总量和技术水平对资源储量的反向作用，以及人力资本水平对资源储量的正向作用，也通过了显著性水平为 10% 的 t 检验。这说明，东道国的经济总量越大，所消耗的资源储量就越大；在 FDI 不断流入的过程中，东道国的技术进步，有可能主要提高了资源开采的技术和效率，而未主要形成替代资源的技术，从而造成了东道国的现有资源储量产生了加速减少的趋势；东道国的人力资本对资源具有一定的替代作用。

4. e 列的估计结果表明，FDI 对东道国环境子系统的作用没有通过显著性检验，这说明 FDI 对东道国环境子系统的作用还需结合新的计量模型进行深入研究。

三　东道国可持续发展对 FDI 的作用关系检验

笔者认为，东道国可持续发展水平对 FDI 流入规模的影响，在具有不同可持续发展水平的国家之间会体现得更为明显。因此，本书采用横截面数据来检验东道国可持续发展对 FDI 的作用关系。

（一）模型与数据

按照前文分析，东道国所能提供的"利润空间"决定了 FDI 的流入规模。东道国的可持续发展（SDW）、预期净收益（收益减去成本）和时间是"利润空间"的三个重要维度。这里，将主要以前两个维度作为重要变量来构建模型，因为时间维度是由跨国公司预设的定值，可作为常数项处理。

除东道国的可持续发展水平之外，FDI 在东道国所能获得的利润空间，受其在东道国的投资收益和投入要素成本的影响，而对这二者具有重要影响的因素主要包括经济增长率、利率、税率、人力资本水平和现有资源储量等（其他因素往往由这几个因素派生而来，故在模型中作为误差项处理）。本书以 FDI 流入流量作为因变量，以东道国的可持续发展水平（SDW，用来反映利润空间的稳定性）、经济增长率（g）、利率水平（ir）、税率水平（tr）、人力资本水平（HR）和资源禀赋（R）为自变量，构造线性回归模型如下：

$$FDI_i = c + \beta_1 SDW_i + \beta_2 g_i + \beta_3 ir_i + \beta_4 tr_i + \beta_5 HR_i + \beta_6 R_i + \varepsilon_i$$

$$(3—23)$$

其中，β_1、β_2、β_3、β_4、β_5、β_6 为各变量系数，i 为样本国家的序号，ε_i 为误差项（相关变量含义见表 3—9）。本书将选用 1990、2002 和 2006 年的横截面数据作为检验该模型的数据，这些数据来自 50 个样本国家，FDI 流入量数据按照各国居民消费价格指数进行了平减，所有变量数据均经过了无量纲化和对数化处理。

表3—9 变量含义描述（2）

变 量	含 义
FDI	FDI流入流量
SDW	样本国家的可持续发展评价值
g	东道国经济增长率，用GDP增长率来衡量
ir	东道国利率水平，用真实利率来衡量
tr	东道国税率水平，用加权平均关税来衡量
HR	人力资本水平，用公共教育支出占GDP比重来衡量
R	现有资源储量水平，用资源子系统可持续发展评价值来衡量

（二）估计结果

采用最小二乘法对方程（3—23）进行估计，估计结果列在表3—10中。总体上来看，三组横截面数据代入模型后，东道国可持续发展对FDI的正向作用均通过了显著性水平为1%的t检验，因此，命题6得证。当东道国的可持续发展水平提高时，东道国为FDI所能提供的利润空间也会越大，进而促进更多的FDI流入（见图3—6）。从变量SDW的系数来看，东道国可持续发展水平对FDI流入规模的贡献率很高，一般在3—4倍之间。当然，东道国可持续发展水平与FDI之间的正相关系数是一把双刃剑：当东道国可持续发展水平提高时，固然对FDI流入具有很强的吸引作用，但当东道国可持续发展水平下降时，FDI流入规模就会很快萎缩。

表3—10 东道国可持续发展对FDI作用的估计结果

变量	1990年	2002年	2006年
常数项	−0.664757 （−1.055309）	−1.415833 （−2.195440）	−2.593256 （−3.380515）

续表

变量	1990 年	2002 年	2006 年
SDW	3. 211502***	4. 044403***	3. 621362***
	(3. 113579)	(3. 863580)	(2. 895531)
g	0. 256604	0. 107203*	− 0. 299821*
	(1. 415245)	(0. 552890)	(− 1. 812776)
ir	− 0. 171553**	0. 057098*	− 0. 020345*
	(− 2. 469132)	(0. 936855)	(− 0. 392095)
tr	0. 088825*	0. 047893*	0. 042954*
	(0. 699841)	(0. 380284)	(0. 328411)
HR	− 0. 149607*	− 0. 066778*	− 0. 064181*
	(− 1. 193758)	(− 0. 496092)	(− 0. 478161)
R	− 0. 143364	− 1. 296231	− 1. 758627*
	(− 0. 184041)	(− 1. 460632)	(− 1. 897686)
调整 R^2	0. 884402	0. 929195	0. 971306
F	14. 24569	13. 42832	13. 40726
D. W. 值	1. 902770	1. 932132	1. 986547

注：本表估计由 Eviews5. 0 完成，括号中为 t 统计值，***、**、*分别表示通过显著水平为 1%、5%、10%的 t 检验。

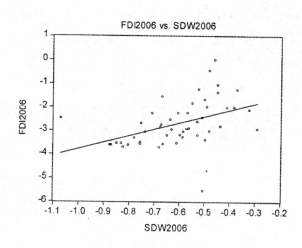

图 3—6　FDI 与 SDW 的散点图（以 2006 年为例）

另外，在1990年的估计结果中，东道国的利率水平对FDI流入规模的抑制作用也通过了显著性为5%的t检验，这说明20世纪90年代左右，FDI在不同国家的区位分布受东道国融资成本的影响较大；2006年的估计结果显示，东道国的经济增长率和资源储量水平对FDI流入形成了一定的负面作用；在三组估计结果中，加权平均关税税率（tr）对FDI的正向作用得到了验证，这说明FDI具有规避高关税，以投资替代贸易的倾向；同时，人力资本水平（HR）对FDI的反向作用均通过了10%的t检验。较高的人力资本不但会促进FDI的投资收益，同时也意味着FDI要支付更高的人员工资成本。该估计结果表明，在两者相较之下，FDI似乎更倾向于规避较高的人力成本，而不是被较高的人力资本所吸引。

第三节　FDI与东道国可持续发展相互作用关系:中国经验研究

一　中国可持续发展分析

（一）中国可持续发展的代际公平性分析

中国可持续发展的代际公平性，主要由可持续发展评价值的全国均值在时间上的分布状态来体现。由附表6可绘出中国可持续发展评价值的全国平均值走势图（见图3—7）。

1992—2007年，中国可持续发展评价值的全国均值多数年份在0.4以上，表明在过去十几年的时间里中国可持续发展总体上处于中低度水平；1992—1998年间，中国可持续发展水平呈上升趋势，但自1998年之后，中国可持续发展的总体水平明显呈现出逐步下降的趋势；2005年之后，可持续发展评价值的全国均值甚至降至0.4以下，跌入低度可持续发

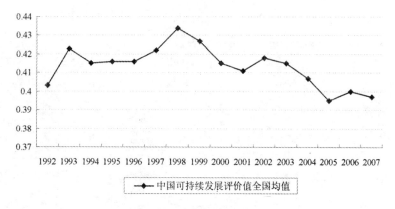

图3—7 中国可持续发展的代际公平性

展区间。① 因此，总体而言，中国可持续发展的代际公平性正在恶化。

（二）中国可持续发展的代内公平性分析

中国可持续发展的代内公平性主要是指在时间点一定的条件下，可持续发展水平在不同考察对象之间（如区域之间、群体之间等）的分布情况。下面以可持续发展水平在中国国内各区域之间的分布状态，来说明中国可持续发展的代内公平性。

1992—2007年，中国所有省（直辖市、自治区）可持续发展评价值的方差之和，可以用来反映各年度中国可持续发展的区域公平性程度（见图3—8，方差之和越小，公平性程度越高）。

---

① 需要指出的是，利用中国各省市的数据计算出的可持续发展全国平均值，与前文利用样本国家的国别数据计算出的中国可持续发展评价值，二者之间有一点差距。这主要是由两种计算过程所用的指标体系和数据量级的差异造成的，属于正常现象。而且，在对应时间段（1997—2006年）上，两种方式计算的结果，即中国可持续发展的趋势是基本一致的（对比图3—5和图3—7）。

在考察期间内，中国可持续发展的区域公平性总体上变化不大。
1994 年，中国可持续发展的区域公平性程度是最低的，2001 年
中国可持续发展的区域公平性程度是最高的。在 1999—2001 年，
正是中国为加入 WTO 而做积极努力的时期，当时国内各区域发
展的公平性得到了大幅提高；但是，在 2001—2007 年，即加入
WTO 之后的过渡期，中国可持续发展的区域公平性反而呈现出
一定的恶化趋势。

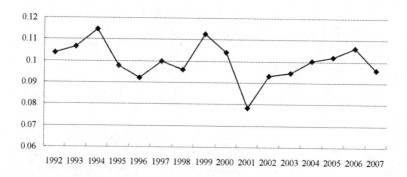

图 3—8　各年度中国可持续发展的代内公平性（1992—2007 年）

（三）中国可持续发展的区域分类

按照可持续发展水平的级别，在中国可持续发展总系统和各
子系统中，可以将各省（直辖市、自治区）归为六类（见表 3—
11）。从可持续发展总水平来看，北京、广东、海南处于中度可
持续发展类，包括上海、天津、江苏、辽宁等在内的其他地区多
处于中低度和低度可持续发展类；从经济子系统来看，北京、上
海处于中高度可持续发展类，天津、广东尾随其后，其他大多数
地区处于低度可持续和不可持续发展类；从社会子系统来看，北
京、上海处于较领先地位，天津、广东和浙江处于中度可持续发

展类，江苏、辽宁、福建、山东、吉林等地区处于中低度和低度可持续发展类，西藏自治区处于不可持续发展类；从环境子系统来看，海南、西藏、云南、江西、陕西等地区处于高度可持续发展类，上海作为中国经济发展的领先地区，结果显示其环境处于不可持续发展类；从资源子系统来看，西藏、内蒙古、黑龙江、海南、吉林的资源可持续发展处于较好水平，但也仅属于中度和中低度可持续发展类，以北京、上海、天津为代表的经济增长核心区的资源可持续发展状况均已非常差。当然，对于中国国内各地区来说，资源和环境的区域特征并不容易界定，因为资源的开发和利用不是固定在资源所在地，环境指标也会受到经济发展所引起的工业排放废水量、废气量和固体废物量等的影响，例如，上海的人均污染排放量和污染密度等指标极大地影响了它的环境承载力评价值。

表3—11　　　　　　　　中国可持续发展的区域分类

可持续发展类型	高度	中高度	中度	中低度	低度	不可持续
总系统	—	—	北京、广东、海南	福建、天津、上海、浙江、吉林、西藏、黑龙江、陕西、江苏、内蒙古、湖北、山东、江西	湖南、辽宁、云南、新疆、四川、广西、安徽、青海、河南、甘肃、河北、宁夏、山西、贵州	—
经济子系统	—	北京、上海	天津、	广东	福建、海南、江苏、辽宁、浙江、西藏、陕西、山东、宁夏、青海、湖北、吉林、广西、山西、内蒙古	其他地区

续表

可持续发展类型	高度	中高度	中度	中低度	低度	不可持续
社会子系统	北京	上海	天津、广东、浙江	江苏、辽宁、福建、山东、吉林	其他地区	西藏
环境子系统	海南、西藏、云南、江西、陕西	其他地区	河北、山西	辽宁、江苏、北京、天津	—	上海
资源子系统	—	—	西藏	内蒙古、黑龙江、海南、吉林	其他地区	北京

二 FDI在中国的外部效应检验

按照前文假设，FDI进入中国之后，首先要演变成一揽子生产要素，使相关生产要素的存量发生改变；其次，相关生产要素的变动会对中国产生一系列的外部效应；最后，通过诸多的效应传导影响中国的可持续发展。因此，要考察FDI对中国可持续发展的作用，首先要确定FDI的诸多外部效应是否都存在。

（一）FDI在中国的技术溢出效应检验

FDI对中国的技术溢出效应不是单调的，因为中国吸引FDI的历程表明，并不是FDI越多越好，只注重引进外资数量而忽略外资质量的做法并不利于中国的发展，FDI只有在适度条件下才会产生它的正外部效应。因此，本书借鉴马林、章凯栋的研究[1]，在阿罗内生增长模型基础上构建FDI技术溢出的非线性回

---

① 马林、章凯栋：《外商直接投资对中国技术溢出的分类检验研究》，《世界经济》2008年第7期，第78—87页。

归模型如下：

$$A_t = c + \gamma_1 FDI_t + \gamma_2 FDI_t^2 + \gamma_3 K_t + \gamma_4 L_t + \gamma_5 K_{At} + \gamma_6 L_{At} + \varepsilon_t$$

$$(3\text{—}24)$$

其中，FDI 为中国引进 FDI 流量规模，用 FDI 流入流量占GDP 的比重来衡量；A 为中国的技术水平，用三种专利的申请授权量来衡量；K 为中国国内的资本，用中国的固定资产投资来衡量；L 为中国国内的从业人员总数；K_A，L_A 分别为中国国内在技术上的资本投入和人员投入，分别用中国的 R&D 经费投入占GDP 的比重和科技活动人员数量来衡量。γ_1、γ_2、γ_3、γ_4、γ_5、γ_6 为各变量的系数，c 为常数项，t 代表年度，ε_t 是误差项。数据采用 1992—2007 年中国相关变量的数据，并经对数化处理。采用最小二乘法对方程（3—24）进行估计，估计结果见表3—12。

从估计结果来看，中国的技术水平与 FDI 流入规模之间的非线性关系通过了显著性水平为 1% 的 t 检验，并且 FDI 的平方项系数为负值。这说明，中国技术水平与 FDI 流入规模之间的曲线为倒"U"形，FDI 既对中国具有技术溢出效应，也存在技术挤出效应（即导致技术水平下降）。

另外，估计结果也显示：中国的固定资产投资额对技术进步具有较强的促进作用；劳动力数量对技术进步具有负面作用，这可能是由于中国劳动力数量过多，在就业压力下，劳动密集型产业无法顺利退出，从而导致技术创新动力不足；更值得注意的是，中国国内在技术资金和技术人员上的投入并没有对技术进步产生显著影响，这说明中国在技术创新上的投入产出效率亟待提高。

表3—12   FDI 在中国的技术溢出效应估计结果

变量	估计结果
常数项	58.79196 (2.774695)
FDI	3.862956 ** (2.514414)
FDI^2	-1.652544 ** (-2.615690)
K	1.050171 *** (4.796656)
L	-5.706598 ** (-2.996103)
K_A	0.704589 (0.882940)
L_A	-0.029205 (-0.276468)
调整 R^2	0.964795
F	69.51203
D. W. 值	2.015992

注：本表估计由 Eviews5.0 完成，括号中为 t 统计值，***、** 分别表示通过显著水平为 1%、5% 的 t 检验。

将估计结果代入方程（3—24）可得如下关系式：

$$A = 58.792 + 3.863 \times FDI - 1.653 \times FDI^2 + 1.050 \times K$$
$$- 5.707 \times L + 0.705 \times K_A - 0.029 \times L_A \qquad (3—25)$$

通过方程（3—25）可求得，当技术水平达到最大值时，FDI 的值为 1.169，进一步还原成 FDI 占 GDP 的比重为 3.22%（定义此值为 FDI 对中国的技术溢出效应最优值 $f_A = 3.22\%$）。

也就是说，当 FDI/GDP > 3.22% 时，FDI 对中国不但不会具有技术溢出效应，反而会对中国的技术进步产生负面影响。2003 年以前，中国 FDI 占 GDP 的比重均在 3.22% 以上（见图 1—4），1993—2003 年，该比重一直高于 3.22%（1993—1998 年甚至达到了 4%—6%），故当时 FDI 对中国技术进步的促进作用没有体现出来，这使得近几年政策决策层和学术界开始怀疑"市场换技术"引资战略的正确性。目前，中国的 FDI 占 GDP 比重为 2.28%（2007 年），还有一定的上升空间。笔者认为，只要 FDI 占 GDP 的比重维持在这个合理区间之内，中国受益于 FDI 技术溢出效应的成果将会逐渐体现出来。

（二）FDI 在中国的人力资本提升效应检验

FDI 对中国人力资本的提升作用主要通过 FDI 的"干中学"效应来实现，因此，FDI 的流入规模，以及外资企业的就业人数就显得至关重要。笔者依然认为，FDI 与中国人力资本的关系不是单调的，它会受到中国国内的教育水平、技术水平和人均收入水平等因素的影响，在这些因素没有明显进步的条件下，FDI 对人力资本的正效应会产生边际效应递减。鉴于此，构建中国人力资本与 FDI 之间的非线性回归模型如下：

$$HR_t = c + \eta_1 FDI_t + \eta_2 FDI_t^2 + \eta_3 L_{Ft} + \eta_4 EDU_t + \eta_5 A_t + \eta_6 y_t + \varepsilon_t$$

$$(3—26)$$

其中，HR 为中国的人力资本水平，用中国每万人中高校在校生的人数来衡量；FDI 为中国引进 FDI 流量规模，用 FDI 流入流量占 GDP 的比重来衡量；L_F 为外资企业的就业人数，用"三资"企业的从业人员数占国内从业人员总数的比重来衡量；EDU 为中国的教育水平，用财政性教育经费支出占 GDP 的比重来衡量；A 为中国的技术水平，用三种专利的申请授权量来衡量；y 为国内的人均收入水平，用人均 GDP 来衡量。η_1、η_2、η_3、η_4、η_5、

η_6为各变量的系数，c为常数项，t代表年度，ε_t是误差项。数据采用1992—2007年中国相关变量的数据，并经对数化处理。采用最小二乘法对方程（3—26）进行估计，估计结果见表3—13。

表3—13　　　　　FDI在中国的人力资本提升效应估计结果

变量	估计结果
常数项	6.982535
	(1.854393)
FDI	3.147189 **
	(2.474555)
FDI^2	−1.231800 **
	(−2.434594)
L_F	2.073636 ***
	(3.327280)
EDU	3.997906 ***
	(5.230061)
A	−0.105159
	(−0.675297)
y	−0.873791 *
	(−1.914097)
调整 R^2	0.981555
F	134.0357
D.W. 值	2.028513

注：本表估计由 Eviews5.0 完成，括号中为 t 统计值，***、**、* 分别表示通过显著水平为1%、5%、10%的 t 检验。

估计结果显示，FDI 与中国人力资本的非线性关系通过了

5%的显著性检验。FDI 的平方项系数为负数，说明中国人力资本与 FDI 之间的关系曲线呈倒"U"形。另外，估计结果也显示，外资企业从业人员数的比重和中国的教育水平，对人力资本的促进作用均通过了 1%的 t 检验。其中，外资企业从业人员占从业人员总数的比重每提高 1%，人力资本水平就会提高 2%；财政性教育经费支出占 GDP 的比重每提高 1%，人力资本水平的提高幅度接近 4%。

将估计结果代入方程（3—26），可得如下关系式：

$$HR = 6.983 + 3.147 \times FDI - 1.232 \times FDI^2 + 2.074 \times L_F$$
$$+ 3.998 \times EDU - 0.105 \times A - 0.874 \times y \qquad (3—27)$$

利用方程（3—27）可以求得，当中国人力资本达到最大值时，FDI 占 GDP 比重的最优值为 3.59%（定义此值为 FDI 对中国的人力资本效应最优值 $f_{HR} = 3.59\%$）。也就是说，当 FDI/GDP < 3.59%时，该比重的提高会促进中国的人力资本提高；当 FDI/GDP > 3.59%时，该比重的提高反而会对中国的人力资本产生负面影响。鉴于目前中国的 FDI 占 GDP 比重为 2.28%，现阶段增加 FDI 流入会对中国人力资本的提高产生正效应。

（三）FDI 在中国的制度质量提升效应检验

为了更全面地衡量中国制度质量的水平，本书特别设计了"制度质量指数"（设为 STM）。该指数由三个结构性指标构成："市场化率"（用"非公有制经济工业总产值所占比重"来衡量）、"城市化率"（用"城镇人口比重"来衡量）和"服务化率"（用"第三产业 GDP 所占比重"来衡量），并采用简单加权平均算法计算出该指数。

根据前文所述，制度质量主要受到东道国人均收入水平、人力资本水平和教育水平的影响，而后三者同时又受到 FDI 的影响。因此，本书以中国的制度质量指数（STM）为因变量，以中国的 FDI 流入流量、人均收入水平（y）、人力资本水平（HR）和教育水平（设为 EDU）为自变量，构建非线性回归模型如下：

$$STM_t = c + \delta_1 FDI_t + \delta_2 FDI_t^2 + \delta_3 y_t + \delta_4 HR_t + \delta_5 EDU_T + \varepsilon_t$$

（3—28）

其中，FDI 为中国引进 FDI 的流量规模，用 FDI 流入流量占 GDP 的比重来衡量；y 为中国的人均收入水平，用人均 GDP 来衡量；HR 为中国的人力资本水平，用中国每万人中高校在校生的人数来衡量；EDU 为中国的教育水平，用教育经费支出占 GDP 的比重来衡量；δ_1、δ_2、δ_3、δ_4、δ_5 为各变量系数，c 为常数项，t 代表年度，是误差项。数据采用 1992—2007 年中国相关变量的数据，并经对数化处理。采用最小二乘法对方程（3—28）进行估计，估计结果见表 3—14。

表 3—14　　　FDI 在中国的制度质量提升效应估计结果

变量	估计结果
常数项	− 0. 357034 （− 3. 205998）
FDI	0. 124167 ** （2. 298412）
FDI^2	− 0. 049619 ** （− 2. 336440）
Y	0. 056787 *** （4. 254441）
HR	0. 033992 * （1. 991793）
EDU	0. 124507 （1. 670662）

变量	估计结果
调整 R^2	0.991901
F	244.9372
D. W. 值	1.576029

注：本表估计由 Eviews5.0 完成，括号中为 t 统计值，***、**、* 分别表示通过显著水平为 1%、5%、10% 的 t 检验。

从估计结果中可以看出，FDI 对中国制度质量的倒"U"形非线性作用，通过了显著性为 5% 的 t 检验。这说明，FDI 流入对中国的制度质量会产生正反两方面的作用，也就是说 FDI 对中国的制度变迁效应是存在的。另外，估计结果也显示，中国的人力资本水平和人均收入水平对制度质量的提升具有明显的促进作用。

将估计结果代入方程（3—28），可得如下关系式：

$$STM = -0.357 + 0.124 \times FDI - 0.050 \times FDI^2 + 0.057 \times y$$
$$+ 0.034 \times HR + 0.125 \times EDU \qquad (3—29)$$

利用方程（3—29）可以求得，当中国的制度质量达到最高值时，FDI 占 GDP 比重的最优值为 3.49%（定义此值为 FDI 对中国的制度质量提升效应的最优值 $f_{STM} = 3.49\%$）。也就是说，当 FDI/GDP < 3.49% 时，该比重的提高会促进中国制度质量的提高；当 FDI/GDP > 3.49% 时，该比重的提高反而对中国的制度质量产生负面影响。之所以会产生 FDI 的流入规模越大，反而对中国制度质量产生消极影响，其原因可能是：虽然 FDI 大量流入中国，但是 FDI 的质量并不高，其对中国制度质量指数构成指标（市场化率、城市化率或服务化率）中的至少一项构成较大的负面影响，而其他两项不足以扭转这种不利趋势；或者，中国国内大量存在着通过牺牲制度质量来换取 FDI 数量的竞次现象。

三　FDI 对中国可持续发展的作用关系检验

（一）FDI 与中国可持续发展因果关系检验

在对 FDI 与中国可持续发展的相互作用关系进行检验之前，首先利用前文所述的格兰杰因果检验方法，对二者的因果关系进行检验。FDI 和中国可持续发展（设为 SDC）的数据，分别选取中国 1992—2007 年的 FDI 流入流量和中国可持续发展评价值全国均值，并且数据经过对数化处理。根据 AIC 准则确定滞后阶数，估计结果见表 3—15。估计结果显示，FDI 与中国可持续发展之间存在双向因果关系，即 FDI 流入规模是中国可持续发展水平的格兰杰成因，同时，中国可持续发展水平也是 FDI 流入规模的格兰杰成因。

表 3—15　　FDI 与中国可持续发展的因果关系检验结果

SDC 到 FDI 的格兰杰因果关系	** （7. 57185）
FDI 到 SDC 的格兰杰因果关系	* （3. 74850）

注：本表估计由 Eviews5.0 完成，括号中为 F 统计值，＊＊、＊分别表示通过显著水平为 5％、10％的 F 检验。

（二）模型构建

FDI 对中国可持续发展的作用，主要是通过 FDI 的技术溢出效应、人力资本提升效应、资本积累效应等传导机制实现的。因此，在 FDI 与中国可持续发展（SDC）之间的回归模型中，还要引入技术（A）、资本（K）和人力资本（HR）三个参考变量。按照前文命题5，FDI 与东道国可持续发展总系统的关系带有诸多权变条件，因此 FDI 对中国可持续发展总系统的作用关系检验采用非线性回归模型。FDI 对中国可持续发展各子系统的作用模型，将沿用总系统可持续发展与 FDI 的相关变量，并针对不同的子系统做出微调，主要包括：一是因变量换成相应的子系统可持续发展评价值；二是按照命题1和命题4的相关假设，FDI 对东道国经济子系统（设为 SDCY）和环境子系统（设为 SDCE）的作用带有期限条件，其作用关系不是单调的，故它们的关系检验采用带有 FDI 平方项的非线性回归模型；三是按照命题2和命题3的假设，FDI 对东道国社会子系统（设为 SDCS）和资源子系统（设为 SDCR）的作用是单调的，不受期限条件影响，故它们的关系检验采用线性回归模型。

因此，FDI 对中国可持续发展总系统和各子系统作用的实证检验模型分别如下：

$$SDC_t = c + \lambda_1 FDI_t + \lambda_2 FDI_t^2 + \lambda_3 A_t + \lambda_4 K_t + \lambda_5 HR_t + \varepsilon_t$$

$$(3\text{—}30)$$

$$SDCY_t = c + \phi_1 FDI_t + \phi_2 FDI_t^2 + \phi_3 A_t + \phi_4 K_t + \phi_5 HR_t + \varepsilon_t$$

$$(3\text{—}31)$$

$$SDCE_t = c + \theta_1 FDI_t + \theta_2 FDI_t^2 + \theta_3 A_t + \theta_4 K_t + \theta_5 HR_t + \varepsilon_t$$

$$(3\text{—}32)$$

$$SDCS_t = c + \mu_1 FDI_t + \mu_2 A_t + \mu_3 K_t + \mu_4 HR_t + \varepsilon_t \quad (3\text{—}33)$$

$$SDCR_t = c + \varphi_1 FDI_t + \varphi_2 A_t + \varphi_3 K_t + \varphi_4 HR_t + \varepsilon_t \quad (3\text{—}34)$$

其中，带右下脚标的 λ、ϕ、θ、μ、φ 为各变量的系数，c 为常数项，t 代表年度，ε_t 是误差项。FDI 为中国引进 FDI 的流量规模，用 FDI 流入流量占 GDP 的比重来衡量；A 为中国的技术水平，用三种专利的申请授权量来衡量；K 为中国的资本水平，用中国的固定资产投资额来衡量；HR 为中国的人力资本水平，用中国每万人中高校在校生的人数来衡量；SDC、$SDCY$、$SDCE$、$SDCS$ 和 $SDCR$ 分别用中国可持续发展总系统和经济、环境、社会、资源子系统的可持续发展评价值来衡量。

数据采用 1992—2007 年中国相关变量的数据，并经对数化处理。采用最小二乘法对上述五个方程进行估计，估计结果见表 3—16。

（三）估计结果

根据表 3—16 的估计结果可以看出如下几个方面：

1. FDI 对中国可持续发展总系统的非线性作用关系得到验证。方程（3—30）中 FDI 的一次方项和平方项至少通过了显著性为 5% 的 t 检验，表明 FDI 对中国可持续发展的作用关系呈倒"U"形。那么，将估计结果代入方程（3—30），可得如下关系式：

$$SDC = 0.263 + 0.140 \times FDI - 0.050 \times FDI^2 + 0.011 \times A$$
$$+ 0.008 \times K - 0.028 \times HR \qquad (3\text{—}35)$$

依据方程（3—35）可求得，当中国可持续发展的总体水平（SDC）达到最大值时，中国的 FDI 占 GDP 的比重为 4.08%（定义此值为 FDI 对中国可持续发展总系统作用的最优值 f_{SD} = 4.08%）。

表 3—16　　　　FDI 对中国可持续发展的作用估计结果

变量	SDC	SDCY	SDCE	SDCS	SDCR
常数项	0.262551 (5.818110)	-0.056257 (-2.92025)	0.711847 (8.974654)	0.264418 (4.463441)	0.504548 (11.04924)
FDI	0.139689*** (3.412423)	0.248675** (2.247100)	0.276046*** (3.836590)	0.028923** (2.600645)	0.041892*** (4.886753)

续表

变量	SDC	SDCY	SDCE	SDCS	SDCR
FDI^2	-0.049687** (-2.94239)	-0.102492** (-2.24510)	-0.11078*** (-3.73245)		
A	0.011393 (1.303545)	0.021866 (0.925469)	-0.016303 (-1.06133)	0.011187 (0.942610)	0.029649*** (3.240970)
K	0.007536 (0.879162)	0.087131*** (3.760061)	0.011368 (0.754556)	-0.010991 (-0.92230)	-0.06100*** (-6.64043)
HR	-0.027594** (-2.69316)	-0.14671*** (-5.29648)	-0.043969** (-2.44149)	0.027744 * (1.834987)	0.043894*** (3.766419)
调整 R^2	0.766639	0.744307	0.909521	0.710512	0.785453
F	10.85562	9.732819	31.15699	10.20390	14.72866
D.W. 值	1.798413	1.899283	1.977754	2.229722	2.460146

注：本表估计由 Eviews5.0 完成，括号中为 t 统计值，***、**、* 分别表示通过显著水平为 1%、5%、10% 的 t 检验。

2. FDI 对中国经济可持续发展的非线性作用关系得到验证。估计结果显示，方程（3—31）中 FDI 的一次方项和平方项均通过了显著性为 5% 的 t 检验，表明 FDI 对中国经济可持续发展的作用关系呈倒 "U" 形。将估计结果代入方程（3—31），可得如下关系式：

$$SDCY = -0.056 + 0.249 \times FDI - 0.102 \times FDI^2$$
$$+ 0.022 \times A + 0.087 \times K - 0.147 \times HR \qquad (3—36)$$

依据方程（3—36）可求得，当中国经济子系统的可持续发展水平（SDCY）达到最大值时，中国的 FDI 占 GDP 的比重为 3.36%（定义此值为 FDI 对中国经济可持续发展作用的最优值 $f_Y = 3.36\%$）。

3. FDI 对中国环境可持续发展的非线性作用关系得到验证。

估计结果显示，方程（3—32）中FDI的一次方项和平方项均通过了显著性为1%的t检验，表明FDI对中国环境子系统可持续发展的作用关系呈倒"U"形。这与前文命题4的判断正好相反，因此不能说FDI与中国环境子系统可持续发展的关系符合原判断。当然，环境承载力的变化受到环境规制政策的影响很大，现阶段中国在环境保护上的重视程度有所提升，环境规制标准也更为严格，因此，尽管中国引进了大量的FDI，但是环境承载力受FDI流入的负面影响并不明显。

将估计结果代入方程（3—32），可得如下关系式：

$$SDCE = 0.712 + 0.276 \times FDI - 0.111 \times FDI^2$$
$$- 0.016 \times A + 0.011 \times K - 0.044 \times HR \qquad (3—37)$$

依据方程（3—37）可求得，当中国环境子系统的可持续发展水平（SDCE）达到最大值时，中国的FDI占GDP的比重为3.48%（定义此值为FDI对中国可持续发展环境子系统作用的最优值 $f_E = 3.48\%$）。

4. FDI对中国社会子系统的正向作用得到验证。估计结果显示，FDI对中国社会子系统可持续发展的正向作用通过了显著性为5%的t检验，因此，FDI与中国社会可持续发展之间的关系符合命题2的判断。

将估计结果代入方程（3—33），可得如下关系式：

$$SDCS = 0.264 + 0.029 \times FDI + 0.0112 \times A$$
$$- 0.011 \times K + 0.028 \times HR \qquad (3—38)$$

从方程（3—38）可看出，FDI对中国社会子系统的可持续发展水平（SDCS）的贡献率为0.029，即当FDI占GDP的比重每提高1%时，中国社会子系统的可持续发展水平会提高0.029%。

5. FDI对中国资源子系统的正向作用得到验证。估计结果显示，FDI 对中国资源子系统可持续发展的正向作用通过了显著性为 1% 的 t 检验，该结果与前文命题 3 的判断是相反的。究其原因，这可能与 FDI 对中国具有较强的技术溢出效应和人力资本提升效应有关。从估计结果中可以发现，技术水平（A）和人力资本（HR）对中国资源子系统的正向作用均通过了 1% 的显著性检验，这说明 FDI 的技术溢出效应和人力资本提升效应，对中国资源子系统可持续发展水平的提高发挥了较强的促进作用。

将估计结果代入方程（3—34），可得如下关系式：

$$SDCR = 0.505 + 0.042 \times FDI + 0.030 \times A$$
$$- 0.061 \times K + 0.044 \times HR \qquad (3—39)$$

从方程（3—39）可看出，FDI 对中国资源子系统的可持续发展水平（SDCR）的贡献率为 0.042，即当 FDI 占 GDP 的比重每提高 1% 时，中国资源子系统的可持续发展水平会提高 0.042%。

另外，从估计结果中还可以看出，中国国内的资本投入（K）对经济可持续发展具有明显的正向作用，而对资源可持续发展具有明显的反向作用（均通过了 1% 的显著性检验）。这从一定程度上支持了目前中国为应对经济危机，而采取的通过加大政府投资和企业投资拉动内需的做法，但是这种做法无疑对资源的可持续开发与利用产生较强的负面影响。人力资本（HR）对中国社会可持续发展和资源可持续发展的正向作用通过了显著性检验，这符合前文的观点，但对中国可持续发展总水平、经济可持续发展和环境可持续发展显示出一定的反向作用，则不符合本书所作的理论假设。因此，有关人力资本（HR）与相关系统的关系需要结合新的模型和数据进行深入研究。

（四）FDI 对中国可持续发展系统的作用阶段

根据估计结果得出的方程（3—25）、（3—27）、（3—29）、

（3—35）、（3—36）、（3—37）、（3—38）和（3—39），可画出 FDI 在中国的技术溢出效应、人力资本提升效应和制度变迁效应曲线，以及 FDI 与中国可持续发展总系统和各子系统的关系曲线（见图3—9）。

从图3—9中可以看出，当度量 FDI 流入规模的变量 FDI/GDP 处于不同水平时，FDI 对中国可持续发展各子系统的作用是不同的。目前，中国的 FDI/GDP 的值在 2.3% 左右，因此该值与 FDI 对中国可持续发展系统的相关最优值还有一段距离，在现阶段提高 FDI 的规模，会促进中国可持续发展水平的提高。设 f = FDI/GDP，则随着 f 值的不断提高，FDI 对中国可持续发展各系统的作用呈现出不同的阶段特征：

1. 当 $f \leqslant 3.22\%$ 时，FDI 对中国具有技术溢出效应、人力资本提升效应和制度质量提升效应，同时对中国可持续发展各系统具有正向作用；

2. 当 $3.22\% < f \leqslant 3.36\%$ 时，FDI 对中国具有人力资本提升效应和制度质量提升效应，但技术溢出效应逐渐消失，同时对中国可持续发展各系统具有正向作用；

3. 当 $3.36\% < f \leqslant 3.48\%$ 时，FDI 对中国的人力资本提升效应和制度质量提升效应仍存在，除了对经济子系统的可持续发展开始产生反向作用之外，对中国可持续发展其他各系统仍具有正向作用；

4. 当 $3.49\% < f \leqslant 3.59\%$ 时，FDI 对中国仍具有人力资本提升效应，但 FDI 的制度质量提升效应也开始消失，FDI 对经济子系统和环境子系统的可持续发展均已产生了反向作用，同时对中国可持续发展总系统、社会子系统和资源子系统仍具有正向作用；

5. 当 $3.59\% < f \leqslant 4.08\%$ 时，FDI 对中国的技术溢出效应、

人力资本提升效应和制度质量提升效应均已消失，同时，FDI
对中国可持续发展经济子系统和环境子系统具有反向作用，对
中国可持续发展总系统、社会子系统和资源子系统仍具有正向
作用；

6. 当 $f > 4.08\%$ 时，FDI 对中国可持续发展总系统开始产生
反向作用，在可持续发展系统内部，只有 FDI 对中国可持续发展
社会子系统和资源子系统仍留存着较弱的正向作用，但对总系统
可持续发展水平的下降趋势已无力挽回。

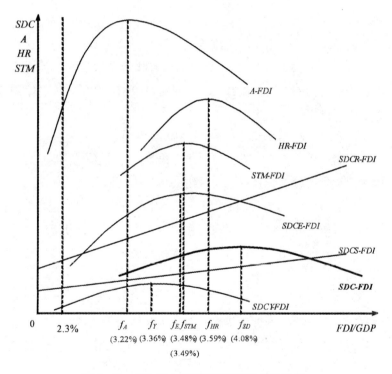

图 3—9　FDI 对中国可持续发展作用的阶段

从如上分析来看，FDI 对中国可持续发展的作用具有一定的阶段性。当 FDI/GDP 的值进入 3.22%—4.08% 的区间时，FDI 的有关正外部效应及其对可持续发展有关系统的正向作用开始逐渐消失，故可将该区间定义为 FDI 对中国可持续发展作用的"警戒区间"，记为 FDI_{alarm} = ［3.22%，4.08%］。因此，调控 FDI 对中国可持续发展的作用方向和作用力度，关键是控制好 FDI 占 GDP 的比重。

四　中国可持续发展对 FDI 的作用关系检验

（一）模型与数据

本书将采用合成数据（Panel Data）模型对中国可持续发展对 FDI 的作用关系进行检验。合成数据模型是一类利用合成数据来分析变量间关系的计量经济模型。模型能够同时反映研究对象在时间和截面单元两个方向上的变化规律及不同时间、不同单元的特性。合成数据模型综合利用样本信息使研究更加深入，同时可以减少多重共线性带来的影响。①

根据前文分析，对 FDI 流入具有重要影响的主要是中国为 FDI 所能提供的利润空间。因为在中国省际范围内，有些变量不再具有比较意义，比如国内各地区的利率水平是相同的，这类变量将在中国可持续发展对 FDI 的作用模型中剔除。另外，为了考察中国的技术水平对 FDI 流入的影响，在中国的模型中加入了技术水平变量。

中国的可持续发展水平对 FDI 流入的作用并不是单调的，因为，中国有些地区存在着通过降低环境保护标准和放松资源开采

---

① 易丹辉：《数据分析与 EViews 应用》，中国统计出版社 2002 年版，第 201—214 页。

限制等方式来吸引 FDI 的竞次现象（race to bottom），同时，也有些地区是依靠良好的投资软环境吸引了大量的 FDI，比如大多数沿海地区。因此，本书所构建的中国可持续发展（SDC）对 FDI 的作用关系模型，为变截距的非线性回归模型，方程表达式如下：

$$FDI_{it} = c_{it} + \psi_1 SDC_{it} + \psi_2 SDC_{it}^2 + \psi_3 g_{it} + \psi_4 A_{it}$$
$$+ \psi_5 tr_{it} + \psi_6 HR_{it} + \psi_7 R_{it} + u_{it} \qquad (3—40)$$

其中，ψ_1、ψ_2、ψ_3、ψ_4、ψ_5、ψ_6、ψ_7 为各变量的系数；i 代表中国的 30 个省（直辖市、自治区），$i = 1, 2, 3\cdots, 30$；t 代表年份；c_{it} 为截面和时间两个方向上的变截距；u_{it} 为扰动项；FDI_{it}、SDC_{it}、g_{it}、A_{it}、tr_{it}、HR_{it}、R_{it} 分别为中国各地区各年度的 FDI 流入流量、可持续发展评价值、GDP 增长率、技术水平（用三种专利授权数来衡量）、税收水平（用财政收入占 GDP 的比重来衡量）、人力资本（用每万人中高校在校生人数来衡量）、资源禀赋（用资源子系统的可持续发展评价值来衡量）。

本书选用 1992—2007 年中国 30 个省（直辖市、自治区）的相关变量数据作为样本数据，并且相关数据均经过对数化处理。利用 Eviews 软件，采用可行的广义最小二乘法［截面加权（Cross section weights）］对模型进行估算，以减少由于截面数据造成的异方差影响。在截面方向上的截距处理方式采用确定效应模型［因为中国 30 个省（直辖市、自治区）基本上等同于总体样本］，同时，在时间方向上的截距处理方式采用随机效应模型，以实现短期样本（1992—2007 年）对总体样本的推断。

（二）估计结果

采用上述方法对方程（3—40）进行估计所得出的结果见表 3—17。模型检验结果显示，调整 R^2 的值达到了 0.997335，证明模型的拟合优度很高。

表 3—17　　　中国可持续发展对 FDI 的作用估计结果

变量	FDI
常数项	16. 14463 (8. 437575)
SDC	−15. 08201 ** (−2. 021469)
SDC^2	19. 93063 ** (2. 311195)
g	0. 615383 *** (5. 089854)
A	0. 041802 (0. 519598)
tr	0. 254849 * (1. 770250)
HR	−0. 361704 *** (−2. 819854)
R	1. 355721 *** (4. 278475)
样本数	480
调整 R^2	0. 997335
F	3516. 429
Prob（F − statistic）	0. 000000

注：本表估计由 Eviews5.0 完成，括号中为 t 统计值，*** 、** 、* 分别表示通过显著水平为1%、5%、10%的 t 检验。

从估计结果中可以看出，中国可持续发展对 FDI 的非线性作用关系通过了显著性水平为5%的 t 检验，并且，SDC 的平方项系数为正，表明 SDC 对 FDI 的作用关系曲线呈"U"形。也就是说，随着中国可持续发展水平的提高，SDC 对 FDI 流入量的作用方向具有先反后正的特点。另外，中国各地区的经济增长率和资源禀赋水平对 FDI 流入量具有较强的正向作用，均通过了 1% 的显著性检验。而中国各地区的人力资本水平对 FDI 流入量的反向作用也通过了 1% 的 t 检验，该结果与国际样本的检验结果是相似的。这说明人力资本水平高并不是 FDI 流入的动因，相反，人力资本水平高意味着更高的人力成本，它会抑制 FDI 的流入。

将表 3—17 的估计结果代入方程（3—40），可得如下关系式：

$$FDI = (16.145 + c_{it}) - 15.082 \times SDC + 19.931 \times SDC^2 + 0.615 \times g$$
$$+ 0.042 \times A + 0.255 \times tr - 0.362 \times HR + 1.356 \times R \qquad (3—41)$$

其中，c_{it} 为截面和时间两个方向上的变截距。由方程（3—41）可以求得，当 FDI 流量处于最小值时，SDC 的值为 0.378。也就是说，中国可持续发展水平 SDC 对 FDI 的作用最劣值为 0.378（记为 $SDC^* = 0.378$）。并且，由方程（3—41）可绘出中国可持续发展对 FDI 的作用关系曲线示意图（见图 3—10）。

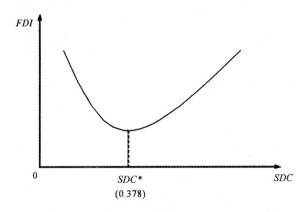

图 3—10　中国可持续发展对 FDI 作用的阶段

从图3—10可以更加形象地看出来，中国可持续发展对FDI的作用同样具有以下两个阶段性特征：

1. 当 $SDC < 0.378$ 时，如果SDC提高，则会对FDI的流入产生抑制作用，然而，如果SDC下降，反而会吸引更多的FDI流入。这就形成了一个比较尴尬的局面，处于这种状态下的地区必须在提高可持续发展水平和吸引更多FDI流入量之间进行取舍。现实当中确实存在这样的地区，例如很多的落后地区准许更多的国外资源开发企业对本地区进行投资，并且在环境保护标准上实行较为宽松的政策，这样会提高FDI流入量，但却是以本地区可持续发展水平的下降为代价的。

2. 当 $SDC \geqslant 0.378$ 时，中国可持续发展对FDI的流入具有促进作用。中国大多数地区的可持续发展水平是处于 SDC^* 值之上的（见附表6，参考可持续发展评价值全国均值），因此，从这一阶段来看，中国可持续发展水平的提高对FDI流入量的提高具有促进作用，而且该作用具有单调递增的性质，该估计结果验证了前文的命题6。

第四章

结论与政策建议

第一节 结论

至此，通过前文的理论分析和实证检验，本书可以得出以下几个结论：

一、可持续发展思想凝结了人类对自身发展和自然发展之间关系的深刻认识。在可持续发展这样一个复杂的巨系统中，几乎涵盖了所有重要的人类活动因素及与其相联系的自然因素。在这些因素当中，FDI 通常是渺小的。但是，FDI 对于东道国可持续发展所产生的作用，以及东道国可持续发展对 FDI 的作用，是不容忽视的。FDI 是跨国公司的国际投资活动，在这种活动背后，是国与国之间的深层次联系，是世界的发展秩序和发展格局。对于东道国而言，FDI 本身虽小，但其所能产生的外部效应类似于动能的释放和传导过程，对东道国的可持续发展系统产生持续的影响；东道国的可持续发展状况是 FDI 不得不考虑的终极环境条件，因此，这二者之间的相互作用关系值得进行重点研究。

二、在既有的研究文献中，FDI 与东道国可持续发展之间的关系并没有引起足够的重视。国际直接投资理论和可持续发展理论的各自发展几乎是平行的，二者之间的交集很少。理论现状是：邓宁、小岛清等人的相关理论中，稍稍带有影响 FDI 的可持续发展因素的影子；FDI 的区位选择理论，是与可持续发展思想距离较近的理论；可持续发展理论中很少重点提及 FDI 因素。因此，关于 FDI 与东道国可持续发展之间关系的理论综述，只能从 FDI 与东道国经济、社会、环境、资源等领域之间关系的零碎研究中去寻觅和总结。通过综述，可初步断定 FDI 与东道国可持续发展之间的关系，并非简单的一维关系，该关系不仅受到东道国的技术、人力资本、制度质量等要素的影响，而且受到东道国的发展阶段和可持续发展系统内部关系的影响。

三、在对东道国可持续发展总系统的内部关系分析基础上，本书对 FDI 与东道国可持续发展的相互作用关系进行了动态的和系统的推演，提出了若干理论假设和命题。主要包括：FDI 对东道国可持续发展的作用，是 FDI "动能" 在东道国相关生产要素和各子系统之间的有层次的传导过程，相关层次有要素变动层、经济变动层、社会变动层、资源与环境变动层、系统变动层；FDI 是东道国经济子系统的构成因素，FDI 流入东道国首先会直接作用在技术、人力资本和物质资本上，其可能产生的外部效应包括技术溢出效应、"干中学" 效应和制度变迁效应等；FDI 对东道国经济子系统，短期内具有正向作用，长期内具有反向作用，与之相反，FDI 对环境子系统的作用力方向，短期为反，长期为正；无论短期还是长期，FDI 对东道国社会子系统一直具有正向作用，对资源子系统一直具有反向作用；FDI 对东道国可持续发展总系统的作用力方向取决于东道国总资本存量增长率和人口增长率之间的关系；对 FDI 流入规模的决定性影响来自于东道国所能提供的 "利润空间"，东道国的可持续发展水平是 "利润空间" 的重要维度；东道国的可持续发展水平对 FDI 的流入规模具有正向作用。

四、本书在借鉴国内外有关可持续发展评价的相关研究基础上，分别设计了由 36 个指标组成的世界可持续发展评价指标体系和由 40 个指标组成的中国可持续发展评价指标体系。同时，构建了基于 BP 人工神经网络的世界的和中国的可持续发展评价模型，并利用训练好的 BP 网络仿真输出了世界的和中国的可持续发展评价值。进而，本书利用 1997—2006 年 50 个样本国家的数据和 1992—2007 年中国 30 个省（直辖市、自治区）的数据，对 FDI 与东道国可持续发展进行了格兰杰因果关系检验，对 FDI 与东道国、FDI 与中国的可持续发展相互作用关系进行了实证检验。因果关系检验结果验证了 FDI 与东道国、与中国可持续发展之间均存在双向因果关系。在相互作用关系的检验中，大部分命题被验证，主要包括：

（一）国别经验研究表明：FDI 对东道国可持续发展总系统具有一定的正向作用；长期内，FDI 对东道国经济子系统可持续发展具有反向作用（短期内的正向作用在中国经验研究中也得到验证）；FDI 对东道国社会子系统可持续发展具有正向作用；FDI 对东道国资源子系统可持续发展具有反向作用（这与中国经验研究的结果是相反的）；东道国可持续发展对 FDI 流入具有正向作用。

（二）中国经验研究表明：FDI 对中国的技术溢出效应、人力资本提升效应和制度质量提升效应，均具有倒"U"形的非线性特点；FDI 对中国可持续发展总系统、经济子系统和环境子系统的作用力方向均呈现先正后反的倒"U"形特征；FDI 对中国社会子系统和资源子系统皆具有单调的正向作用；中国的可持续发展水平对 FDI 流入的作用关系是非线性的，但是呈先反后正的"U"形关系。

在如上多重的非线性和线性关系综合作用下，FDI 与中国可持续发展呈现出明显的阶段性特征。本书根据 FDI 在中国的技术溢出效应、人力资本效应和制度质量提升效应的最优值，以及 FDI 对可持续发展各系统作用的相关最优值，把 FDI 对中国可持续发展的作用划分为六个阶段；根据中国可持续发展对 FDI 作用的最劣值，将中国可持续发展对 FDI 的作用划分为两个阶段。

第二节　政策建议

理论研究最终要为实践服务。前文所做的理论分析和实证检验，一方面总结了研究对象的发展现状和存在的问题，另一方面也为相关政策的提出奠定了理论基础和事实依据。本书将主要结合 FDI 与中国可持续发展相互作用关系的分析结论与观点，提出中国引进 FDI 和推动可持续发展的政策建议。

一　在科学定位的基础上制定发展策略

在提出中国引进 FDI 和推动可持续发展的政策建议之前，首先应该明确中国 FDI 和可持续发展在空间上的地位和在时间上的发展阶段。

从空间维度上来看，1997—2006 年中国的 FDI 流入流量和流入存量在 50 个样本国家中的排名都是名列前茅的，但 FDI 流入流量占 GDP 的比重的排名并不突出（见表 4—1）；同时，在样本考察期内中国的可持续发展评价值在 0.497—0.546 之间（见附表 5），其在 50 个样本国家中的排名在第 25—34 名之间。因此，通过国际比较可以看出，中国引进 FDI 的数量在较长时期内处于国际领先地位，但可持续发展的水平在国际上仍处于中下游地位。

从时间维度上来看，目前中国的 FDI 流量占 GDP 的比重为

2.28%，距离 FDI 对可持续发展作用的"警戒区间"（FDI_{alarm}），还有 1 个百分点左右的弹性空间，因此，中国在引进 FDI 上处于较好的发展阶段。并且，目前中国的可持续发展总体水平（SDC）在 0.4 左右（见附表 6），大于最劣值 SDC^*（0.378），在这一阶段，继续提高中国可持续发展水平，有助于促进 FDI 的流入。

表 4—1　　中国的 FDI 与可持续发展的国际地位（1997—2006 年）

年份	1997	1998	1999	2000	2001	2002	2003	2004	2005	2006
FDI 流量排名	2	3	7	7	5	2	1	2	6	7
FDI 存量排名	6	3	3	2	4	4	4	9	9	9
FDI 流量占 GDP 比重排名	10	13	15	21	27	19	10	16	17	36
可持续发展 评价值排名	25	25	27	27	31	33	32	31	31	34

注：表中的排名是在 50 个样本国家中的相关值排名。

　　FDI 和可持续发展的空间定位与时间定位明确之后，可以更加清晰地知道引进 FDI 和可持续发展的政策着力点与调控方向。否则，在 FDI 和可持续发展均不具备调整余地的情况下，盲目制定出的政策和措施是注定要失败的。好在，通过上文的定位分析可知，中国的 FDI 流入规模与可持续发展水平都具有向上调整的空间，并且现阶段双方处于互有正向作用的良性发展区间。

　　因此，目前中国引进 FDI 与推动可持续发展的可行策略是：在 f 值低于警戒区间 FDI_{alarm} 的前提下，一方面要加强吸引 FDI 的力度，扩大 FDI 流入规模，另一方面要不断地提高可持续发展水平。这二者之间又是相互促进的，即 FDI 流入规模增大，会促进中国可持续发展水平的提高，同时，中国可持续发展水平的提高也会促进更多的 FDI 流入中国。

在这个过程中，政策制定者和执行者所要紧盯的调控指标是 f 值，只要 f 值处于警戒区间 FDI_{alarm} 之下，扩张性的引进 FDI 政策和推动可持续发展政策就无需改变。但需注意的是，f 值的变动往往不只受 FDI 流入规模的影响，还要受到 GDP 变动的影响，而 FDI 流入对中国经济子系统的发展不但具有正向作用，还具有长期的反向作用。也就是说，随着 FDI 流入规模增大，它对经济总量的增长也可能产生负作用。如果发生这种情况，FDI 流入规模增大而 GDP 减小，则会使 f 值迅速提高，甚至有可能突然进入或超过警戒区间 FDI_{alarm}，从而使 FDI 对中国的整个可持续发展系统构成负面影响。因此，一方面要及时地跟踪观测 f 值，另一方面要利用最新的数据对 FDI_{alarm} 进行更新，以合理确定 f 值与 FDI_{alarm} 之间的距离。

二　中国不同区域引进 FDI 与可持续发展的相互促进

（一）不同区域利用 FDI 促进可持续发展的政策建议

根据 FDI 对中国可持续发展的作用阶段分析，在 f 值处于不同阶段的地区，FDI 对可持续发展将具有不同的作用关系，因此应该结合不同地区 f 值所处的阶段提出相应的政策建议。

以 2005—2007 年 FDI 流量占 GDP 比重的平均值，作为中国各地区当前的 f 值，进而可以看出中国各地区的 f 值所处的发展阶段（见表 4—2）。中国已经有一部分省（市）的 f 值进入或超过了警戒区域 FDI_{alarm}，但单凭这一点还不能做出抑制这些省市的 FDI 流入规模的决策。因为，前文所求出的理论上的 f 值是整个中国的均值，故必然有些省市的 f 值会大于该均值。表 4—2 中所列的省（市），基本上是中国各地理区域的核心增长极，虽

然它们的 f 值较高（即 FDI/GDP 的值较高，意味着引进 FDI 的业绩较好），但这些省（市）所引进 FDI 的外部效应会向周边地区或腹地经济区辐射，这种辐射效应正是其腹地经济区发展所需要的。因此，在依据 f 值制定 FDI 发展策略时，不能单独以某个省（市）的 f 值为依据，而应以该省（市）所处辐射区域的平均 f 值作为决策依据。

表 4—2　　　　　　　　当前中国各区域的 f 值

省（市）	f 值	所在辐射区域	辐射区域 f 值
海南	9.192%	珠三角地区	2.202%
广东	3.645%		
上海	6.492%	长三角地区	3.010%
江苏	4.436%		
浙江	2.333%		
福建	3.423%		
北京	2.703%	京津地区	1.709%
天津	4.752%		
辽宁	3.059%	东北老工业地区	2.036%
四川	0.789%	西南地区	0.722%
陕西	1.003%	西北地区	0.703%

注：表中的 f 值为各地区 2005—2007 年 f 值的平均值，其他未列出地区的 f 值均小于 2%。

经过计算，中国各区域的 f 值列在表 4—2 中。从中可以看出，中国各区域的 f 值均未达到 FDI_{alarm}，因此中国各区域均可采用大力吸引 FDI 以促进区域可持续发展的策略。

1. 对于珠三角地区，海南、广东两省不仅具有较高的 f 值，而且可持续发展水平也较高（见表 3—11），说明这两省的 FDI

与可持续发展已经进入良性互动的周期。因此，海南、广东两省应在继续保持这种趋势的前提下，使 FDI 向珠三角其他地区转移，因为从长期来看，f 值一直维持高位运行最终会对可持续发展系统产生反向作用。

2. 长三角地区的 f 值是中国所有区域中最高的，距离 FDI 的技术溢出效应的失效值 f_A 也最近，而且，该区域的可持续发展总水平并不高。因此，长三角地区在控制 FDI 占 GDP 的比重上应该慎重，应该保持现有的 f 值水平，让现有规模的 FDI 发挥更好的外部效应，待可持续发展水平得到提升之后，再适当加大引进 FDI 的力度。

3. 京津地区目前的 f 值并不高，而该区域的可持续发展总水平是较高的。该区域可以采取大力吸引 FDI 的策略，但同时要注意资源可持续发展水平的提高，因为该区域资源禀赋并不高，需要从更广的周边地区（包括国内和国外）调入资源。如果因为引进 FDI 规模提高，导致资源状况持续恶化，甚至导致环境可持续发展水平下降，那么最终 FDI 对该区域的可持续发展总水平就会产生负面作用。

4. 东北老工业地区、西南地区和西北地区具有相似的情况，f 值都不高，可持续发展总水平也不高，但在某些子系统的可持续发展上各具优势。例如，西南地区的西藏、云南，西北地区的陕西等地均具有较高的环境可持续发展水平，但社会可持续发展水平是较低的（见表 3—11）；东北地区的吉林、黑龙江，西南地区的西藏等地具有较高的资源可持续发展水平。这些地区核心增长极的可持续发展综合表现并不好，例如辽宁的可持续发展总水平、环境和资源子系统的可持续发展水平，都比不上同区的吉林和黑龙江；四川的可持续发展总水平和经济可持续发展水平比不上云南和西藏；陕西的资源可持续发展水平比不上宁夏和新疆。因此，这三类地区的发展策略是继续依靠提高引进 FDI 规模，促进该区域可持续发展总水平的提高，同时继续给予各区域核心增长地区优惠和扶持政策，使之发挥更积极的腹地带动作用。

（二）不同区域以可持续发展促进 FDI 发展的政策建议

按照中国可持续发展对 FDI 作用的阶段分析，可将中国各地区划分为两类：一类是可持续发展水平 SDC 高于其最劣值 SDC^* 的地区；另一类是 SDC 低于 SDC^* 的地区。对于前者，其主要发展策略是充分利用可持续发展对 FDI 的正向作用，通过大力提高可持续发展水平促进 FDI 的发展，并使二者保持良性互动。对于后者，在中国国内，可持续发展水平低于 SDC^* 的地区主要有广西、安徽、青海、河南、甘肃、河北、宁夏、山西、贵州等（见附表 6，以各地年均可持续发展评价值为依据），这些地区在引进 FDI 的策略上切忌走入"以可持续发展换外资"的歧途，应该力争尽快使本地区的可持续发展突破"阵痛区间"（即实际 SDC 与 SDC^* 之间的距离），进入可持续发展水平与 FDI 流入规模的良性发展区间。

三 利用 FDI 促进中国可持续发展各子系统的协调发展

前文的研究结果表明，中国可持续发展各子系统对总系统的贡献率是不一致的，经济子系统和社会子系统的贡献率较高，而环境子系统和资源子系统的贡献率较低。鉴于 FDI 对中国可持续发展各子系统均具有一定的作用关系，可以通过调控 FDI 在相关产业上的发展来促进可持续发展各子系统的协调发展。

中国可以通过调整 FDI 的产业引导政策，实现限制或促进某个子系统可持续发展水平的目的。中国可持续发展各子系统的协调发展目标是：在保持经济和社会可持续发展得到提高的前提下，加快提升环境和资源子系统的可持续发展水平。因此，在保证目前 FDI 流入总量不降低的基础上，中国应该调控 FDI 在产业上和区位上的分布。

（一）对投资于低能耗、低排放、高附加值产业的 FDI 提供更好的优惠政策。例如，鼓励更多的 FDI 对中国的教育、科技、清洁能源和环保服务等领域进行投资，以增加中国人力资本、技术和人造资源的总量，以及提高处理污染的能力和效率，从而实现替代更多的自然资源和减少环境破坏的目的。

（二）进一步鼓励 FDI 向中国的东北地区、西南地区和西北地区进行投资，合理发挥这些地区的优势，同时兼顾当地资源节约和环境保护。

（三）鼓励已在中国进行投资的跨国公司更多地从国外进口资源和能源，以减少对中国国内资源的消耗。

四 完善 FDI 与中国可持续发展之间的传导机制

FDI 与中国可持续发展之间的相互作用，是通过一定的传导机制实现的。例如，FDI 对中国的资本挤入（或挤出）效应、技术溢出效应、"干中学"效应（或人力资本提升效应）和制度变迁效应等，以及中国为 FDI 提供的"利润空间"等，均属于 FDI 与中国可持续发展之间的传导机制。要促进 FDI 与中国可持续发展之间的良性互动，就必须保证二者之间传导机制的完善和健康运行。为此，中国应从如下几个方面采取措施：

（一）健全中国的金融市场，为 FDI 在中国的资本运作提供完善的金融服务，同时营造内外资公平竞争的环境，让 FDI 发挥更大的资本积累效应。

（二）鼓励跨国公司对中国开展更多的 R&D 型投资，提高中国企业对引进技术的消化和再创新能力，鼓励外资企业和内资企业之间的技术合作和技术人员的流动，从而使 FDI 的技术溢出效应发挥到最大。

（三）鼓励 FDI 开展更多的投资项目和创造更多的就业岗位，向那些需要从业人员较多的 FDI 提供更多的支持和保护，鼓励它们持续经营，以让更多的国内人员从外资企业学到先进的技术工艺和管理思想，从而提升中国的人力资本水平。

（四）各级政府要为 FDI 提供更好的工商、税收、海关、外汇、信息等服务，充分了解 FDI 在中国经营的困难和需求，然后有针对性地对现存相关制度的缺陷进行改进，同时注意比照国内企业的相关待遇，避免对 FDI 提供"超国民待遇"安排。这样，中国的制度质量就会不断得到提升。

（五）除"宽度"可持续发展外，中国为 FDI 所能提供的"利润空间"的"高度"的影响因素，有些是可控的，比如利率水平、税率水平、环境规制标准等，这些因素会对 FDI 的投资成本有较大影响；其余因素虽不完全可控，但也可以对其施加影响，比如可以通过增加 R&D 投入提高技术水平，增加教育投入提高人力资本水平，利用人口政策控制人口数量，扩大政府投资和企业投资来促进经济增长等。因此，中国一方面要提高可持续发展水平，另一方面要综合利用各种政策杠杆调控"利润空间"的"高度"和"宽度"，以充分发挥其影响 FDI 流入规模的作用。

附 录

附表 1　　　　　　　世界可持续发展评价指标体系

目标层	准则层	指标层		
		指标代码	指标名称	指标单位
世界可持续发展评价值	经济子系统指标	W1	人均 GDP	美元/人
		W2	GDP 增长率	%
		W3	劳动力占总人口比重	%
		W4	加权平均关税率	%
		W5	真实利率	%
		W6	储蓄率	%
		W7	FDI 占 GDP 比重	%
		W8	外贸依存度	%
		W9	服务业占 GDP 比重	%
		W10	R&D 经费占 GDP 比重	%
	社会子系统指标	W11	人口密度	人/平方公里
		W12	人口增长率	%
		W13	农村人口比重	%
		W14	失业率	%
		W15	基尼系数	%
		W16	公共教育支出占 GDP 比重	%
		W17	大专入学率	%
		W18	开办企业所需时间	天

续表

目标层	准则层	指标层		
		指标代码	指标名称	指标单位
世界可持续发展评价值	环境子系统指标	W19	每千人拥有医生数	人
		W20	期望寿命	年
		W21	每百人拥有电话线路数	条/百人
		W22	公路密度	公里/平方公里
		W23	人均二氧化碳排放量	吨/人
		W24	每工人每天有机水污染排放量	千克/人/天
		W25	国家保护区占总面积比重	%
		W26	濒危物种比重	%
		W27	启动环境保护行动年份	年
		W28	森林覆盖率	%
	资源子系统指标	W29	人均拥有可再生水资源	立方米/人
		W30	人均耕地面积	公顷/人
		W31	人均能源产量	千克/人
		W32	石油储产比	年
		W33	煤炭储产比	年
		W34	人均电能产量	千瓦小时/人
		W35	单位能耗产生GDP	美元/千克标准油
		W36	能源自给率	%

附表2　　　　　　中国可持续发展评价指标体系

目标层	准则层	指标层		
		指标代码	指标名称	指标单位
中国可持续发展评价值	经济子系统指标	X1	人均GDP	元/人
		X2	GDP增长率	%
		X3	居民消费价格指数	%
		X4	财政收入占GDP比重	%
		X5	投资率	%

续表

目标层	准则层	指标层		
		指标代码	指标名称	指标单位
中国可持续发展评价值	经济子系统指标	X6	消费率	%
		X7	FDI 占固定资产投资比重	%
		X8	外贸依存度	%
		X9	第三产业占 GDP 比重	%
		X10	R&D 经费占 GDP 比重	%
	社会子系统指标	X11	人口密度	人/平方公里
		X12	人口自然增长率	%
		X13	非农人口比重	%
		X14	城镇登记失业率	%
		X15	每万人中高校本专科在校学生数	人
		X16	文盲半文盲占 15 岁及以上比例	%
		X17	城镇居民人均可支配收入	元/人
		X18	城乡收入比	倍
		X19	城镇居民恩格尔系数	%
		X20	万人拥有卫生技术人员数	人/万人
		X21	人均邮电业务量	元/人
		X22	万人公路里程	公里/万人
		X23	三种专利授权数	件
	环境子系统指标	X24	工业废水达标率	%
		X25	工业二氧化硫去除率	%
		X26	工业固体废弃物利用与处理率	%

目标层	准则层	指标层		
		指标代码	指标名称	指标单位
中国可持续发展评价值	环境子系统指标	X27	成灾面积比重	%
		X28	单位面积废水排放量	吨/平方公里
		X29	单位工业产值废气排放量	标立方米/元
		X30	万元 GDP 工业固体废物产生量	吨/万元
		X31	森林覆盖率	%
	资源子系统指标	X32	人均水资源	立方米/人
		X33	人均耕地面积	公顷/人
		X34	人均粮食产量	公斤/人
		X35	人均铁矿保有储量	吨/人
		X36	人均煤炭保有储量	吨/人
		X37	人均耗电量	千瓦小时/人
		X38	万元 GDP 能耗	吨标准煤/万元
		X39	原油消费自给率	%
		X40	煤炭耗竭年限	年

附表5　50个样本国家的可持续发展评价值(1990,1997—2006年)

序号	国家	1990	1997	1998	1999	2000	2001	2002	2003	2004	2005	2006	年均值
1	阿根廷	0.527	0.512	0.511	0.511	0.507	0.492	0.493	0.537	0.533	0.546	0.557	0.521
2	澳大利亚	0.648	0.637	0.644	0.648	0.648	0.642	0.659	0.678	0.666	0.666	0.663	0.654
3	比利时	0.570	0.575	0.580	0.579	0.578	0.578	0.584	0.588	0.593	0.592	0.592	0.583
4	玻利维亚	0.531	0.496	0.498	0.492	0.478	0.465	0.463	0.488	0.509	0.509	0.514	0.495
5	巴西	0.530	0.529	0.522	0.514	0.504	0.499	0.512	0.509	0.488	0.499	0.492	0.509
6	喀麦隆	0.473	0.441	0.446	0.458	0.427	0.436	0.417	0.465	0.444	0.407	0.418	0.439
7	加拿大	0.708	0.701	0.697	0.702	0.697	0.689	0.695	0.712	0.683	0.686	0.690	0.696
8	智利	0.501	0.491	0.497	0.490	0.495	0.491	0.505	0.514	0.505	0.506	0.508	0.500
9	中国	0.535	0.537	0.541	0.546	0.516	0.497	0.497	0.515	0.517	0.517	0.512	0.521
10	哥伦比亚	0.542	0.512	0.521	0.504	0.493	0.507	0.515	0.534	0.549	0.560	0.565	0.527
11	克罗地亚	0.527	0.503	0.552	0.549	0.530	0.560	0.565	0.586	0.578	0.582	0.590	0.557
12	埃及	0.510	0.488	0.488	0.484	0.449	0.440	0.443	0.464	0.410	0.442	0.471	0.463
13	埃塞俄比亚	0.423	0.391	0.391	0.386	0.343	0.369	0.382	0.388	0.437	0.424	0.427	0.396
14	法国	0.654	0.620	0.627	0.635	0.646	0.636	0.644	0.657	0.643	0.642	0.639	0.640
15	德国	0.655	0.630	0.630	0.627	0.629	0.634	0.643	0.654	0.640	0.644	0.639	0.639
16	希腊	0.604	0.587	0.589	0.578	0.567	0.576	0.589	0.581	0.599	0.603	0.618	0.590

续表

序号	国家	1990	1997	1998	1999	2000	2001	2002	2003	2004	2005	2006	年均值
17	匈牙利	0.576	0.577	0.566	0.576	0.566	0.553	0.566	0.572	0.560	0.566	0.570	0.568
18	印度	0.447	0.450	0.445	0.449	0.429	0.428	0.433	0.462	0.433	0.433	0.469	0.443
19	印度尼西亚	0.491	0.472	0.475	0.473	0.459	0.458	0.448	0.472	0.466	0.456	0.478	0.468
20	爱尔兰	0.570	0.597	0.591	0.597	0.582	0.576	0.578	0.604	0.590	0.593	0.603	0.589
21	以色列	0.597	0.608	0.603	0.596	0.594	0.568	0.579	0.604	0.585	0.585	0.601	0.593
22	意大利	0.647	0.635	0.641	0.641	0.623	0.621	0.620	0.643	0.618	0.612	0.607	0.628
23	牙买加	0.447	0.440	0.438	0.454	0.486	0.473	0.480	0.507	0.482	0.468	0.447	0.466
24	日本	0.686	0.680	0.688	0.679	0.662	0.654	0.655	0.664	0.641	0.643	0.640	0.663
25	肯尼亚	0.455	0.436	0.440	0.452	0.420	0.413	0.440	0.445	0.432	0.419	0.416	0.433
26	韩国	0.611	0.608	0.608	0.595	0.580	0.586	0.584	0.605	0.592	0.594	0.608	0.597
27	马来西亚	0.544	0.496	0.492	0.504	0.480	0.470	0.487	0.511	0.531	0.525	0.532	0.507
28	墨西哥	0.536	0.538	0.537	0.555	0.538	0.526	0.531	0.545	0.524	0.552	0.567	0.541
29	新西兰	0.611	0.615	0.617	0.635	0.660	0.653	0.641	0.662	0.642	0.649	0.646	0.639
30	尼日利亚	0.356	0.362	0.360	0.356	0.317	0.326	0.332	0.398	0.356	0.340	0.343	0.350
31	挪威	0.776	0.747	0.763	0.765	0.740	0.754	0.774	0.776	0.767	0.762	0.747	0.761
32	巴拿马	0.570	0.537	0.539	0.549	0.531	0.534	0.540	0.538	0.489	0.524	0.556	0.537

续表

序号	国家	1990	1997	1998	1999	2000	2001	2002	2003	2004	2005	2006	年均值
33	秘鲁	0.493	0.467	0.479	0.485	0.502	0.492	0.507	0.532	0.520	0.537	0.550	0.506
34	波兰	0.561	0.576	0.572	0.570	0.556	0.549	0.562	0.568	0.551	0.553	0.546	0.560
35	葡萄牙	0.639	0.613	0.613	0.620	0.602	0.598	0.589	0.608	0.564	0.592	0.589	0.602
36	俄罗斯	0.580	0.553	0.556	0.553	0.536	0.549	0.589	0.608	0.580	0.581	0.578	0.569
37	沙特阿拉伯	0.495	0.490	0.494	0.463	0.477	0.453	0.472	0.475	0.473	0.496	0.543	0.485
38	南非	0.468	0.488	0.490	0.499	0.442	0.443	0.418	0.466	0.437	0.434	0.438	0.457
39	西班牙	0.598	0.558	0.564	0.569	0.593	0.557	0.598	0.615	0.577	0.607	0.612	0.586
40	瑞典	0.757	0.729	0.729	0.731	0.736	0.733	0.737	0.741	0.730	0.724	0.724	0.734
41	瑞士	0.718	0.688	0.685	0.684	0.671	0.682	0.676	0.697	0.687	0.691	0.682	0.687
42	坦桑尼亚	0.451	0.423	0.419	0.434	0.408	0.405	0.410	0.446	0.417	0.424	0.435	0.425
43	泰国	0.557	0.559	0.550	0.553	0.523	0.503	0.501	0.520	0.499	0.512	0.510	0.526
44	特立尼达和多巴哥	0.471	0.476	0.462	0.487	0.464	0.466	0.459	0.509	0.472	0.473	0.469	0.473
45	突尼斯	0.509	0.499	0.512	0.496	0.483	0.522	0.519	0.517	0.516	0.517	0.522	0.510
46	土耳其	0.524	0.523	0.528	0.524	0.509	0.503	0.475	0.535	0.524	0.524	0.529	0.518
47	英国	0.623	0.618	0.621	0.621	0.614	0.602	0.616	0.635	0.615	0.618	0.618	0.618
48	美国	0.650	0.627	0.634	0.634	0.626	0.628	0.638	0.652	0.626	0.630	0.631	0.634

续表

序号	国家	1990	1997	1998	1999	2000	2001	2002	2003	2004	2005	2006	年均值
49	委内瑞拉	0.528	0.519	0.512	0.515	0.489	0.486	0.508	0.472	0.521	0.512	0.506	0.506
50	越南	0.451	0.473	0.481	0.486	0.454	0.453	0.450	0.472	0.462	0.470	0.458	0.465
	世界平均	0.559	0.547	0.549	0.550	0.537	0.535	0.540	0.559	0.545	0.549	0.553	0.548
	发达国家	0.643	0.632	0.634	0.635	0.631	0.626	0.634	0.648	0.632	0.635	0.635	0.635
	发展中国家	0.507	0.494	0.497	0.498	0.480	0.479	0.483	0.505	0.492	0.496	0.503	0.494

资料来源：笔者利用50个样本国家相关指标统计数据，通过训练好的BP网络仿真输出而得。

附表6   中国30个省（直辖市、自治区）的可持续发展评价值（1992—2007年）

序号	省、直辖市、自治区	1992	1993	1994	1995	1996	1997	1998	1999	2000	2001	2002	2003	2004	2005	2006	2007	年均值
1	北京	0.574	0.580	0.583	0.577	0.567	0.563	0.584	0.598	0.599	0.583	0.624	0.596	0.591	0.598	0.601	0.561	0.586
2	天津	0.437	0.473	0.454	0.448	0.439	0.475	0.480	0.511	0.474	0.434	0.452	0.458	0.460	0.425	0.429	0.416	0.454
3	河北	0.356	0.381	0.375	0.389	0.385	0.397	0.407	0.390	0.367	0.353	0.353	0.345	0.312	0.304	0.306	0.292	0.357
4	山西	0.329	0.348	0.333	0.345	0.355	0.355	0.356	0.330	0.329	0.350	0.357	0.334	0.337	0.334	0.337	0.334	0.341
5	内蒙古	0.381	0.395	0.377	0.399	0.401	0.387	0.420	0.395	0.395	0.410	0.434	0.422	0.417	0.419	0.413	0.419	0.406
6	辽宁	0.408	0.411	0.394	0.397	0.394	0.381	0.405	0.402	0.379	0.378	0.397	0.399	0.402	0.367	0.376	0.384	0.392

续表

序号	省、直辖市、自治区	1992	1993	1994	1995	1996	1997	1998	1999	2000	2001	2002	2003	2004	2005	2006	2007	年均值
7	吉林	0.441	0.444	0.451	0.445	0.456	0.438	0.460	0.450	0.421	0.475	0.444	0.438	0.448	0.442	0.458	0.466	0.449
8	黑龙江	0.416	0.435	0.429	0.445	0.438	0.435	0.449	0.442	0.428	0.440	0.437	0.434	0.438	0.431	0.434	0.442	0.436
9	上海	0.449	0.482	0.460	0.450	0.461	0.456	0.457	0.459	0.445	0.410	0.442	0.471	0.472	0.452	0.454	0.438	0.454
10	江苏	0.387	0.426	0.410	0.422	0.402	0.424	0.415	0.424	0.411	0.384	0.410	0.424	0.413	0.405	0.418	0.418	0.412
11	浙江	0.417	0.450	0.471	0.454	0.455	0.456	0.464	0.453	0.447	0.429	0.457	0.465	0.448	0.437	0.452	0.443	0.450
12	安徽	0.340	0.372	0.380	0.371	0.371	0.387	0.387	0.376	0.367	0.372	0.373	0.371	0.380	0.370	0.379	0.385	0.374
13	福建	0.472	0.513	0.505	0.495	0.502	0.526	0.529	0.511	0.481	0.433	0.447	0.443	0.425	0.404	0.415	0.399	0.469
14	江西	0.393	0.395	0.401	0.405	0.401	0.409	0.407	0.407	0.384	0.393	0.405	0.414	0.397	0.394	0.395	0.398	0.400
15	山东	0.394	0.411	0.409	0.415	0.404	0.417	0.434	0.429	0.412	0.394	0.412	0.411	0.388	0.375	0.389	0.384	0.405
16	河南	0.337	0.369	0.360	0.369	0.367	0.377	0.389	0.371	0.364	0.388	0.355	0.352	0.355	0.351	0.373	0.381	0.366
17	湖北	0.370	0.392	0.404	0.397	0.396	0.422	0.434	0.422	0.416	0.398	0.398	0.413	0.405	0.395	0.406	0.412	0.405
18	湖南	0.384	0.405	0.405	0.401	0.390	0.406	0.410	0.408	0.404	0.394	0.399	0.396	0.387	0.378	0.386	0.391	0.397
19	广东	0.482	0.535	0.528	0.523	0.531	0.566	0.576	0.560	0.555	0.522	0.522	0.525	0.517	0.498	0.504	0.478	0.526
20	广西	0.384	0.414	0.394	0.404	0.386	0.395	0.413	0.398	0.375	0.371	0.382	0.363	0.344	0.338	0.344	0.335	0.378
21	海南	0.554	0.558	0.546	0.529	0.521	0.513	0.521	0.513	0.488	0.483	0.487	0.477	0.466	0.450	0.446	0.473	0.502

续表

序号	省、直辖市、自治区	1992	1993	1994	1995	1996	1997	1998	1999	2000	2001	2002	2003	2004	2005	2006	2007	年均值
22	四川	0.359	0.376	0.367	0.375	0.380	0.390	0.402	0.385	0.383	0.384	0.391	0.400	0.389	0.380	0.375	0.389	0.383
23	贵州	0.319	0.333	0.319	0.331	0.325	0.326	0.333	0.322	0.336	0.348	0.354	0.346	0.338	0.337	0.332	0.338	0.334
24	云南	0.394	0.402	0.390	0.400	0.395	0.400	0.413	0.400	0.395	0.382	0.386	0.387	0.373	0.368	0.369	0.367	0.389
25	西藏	0.433	0.439	0.443	0.457	0.437	0.434	0.445	0.459	0.443	0.454	0.457	0.456	0.445	0.428	0.436	0.435	0.444
26	陕西	0.400	0.431	0.411	0.405	0.416	0.428	0.453	0.438	0.436	0.429	0.431	0.422	0.413	0.398	0.404	0.408	0.420
27	甘肃	0.352	0.362	0.352	0.337	0.346	0.350	0.382	0.358	0.358	0.380	0.379	0.357	0.360	0.360	0.349	0.353	0.358
28	青海	0.366	0.393	0.379	0.366	0.370	0.385	0.406	0.394	0.396	0.394	0.399	0.377	0.360	0.330	0.325	0.311	0.372
29	宁夏	0.348	0.363	0.336	0.354	0.395	0.357	0.392	0.397	0.359	0.372	0.365	0.357	0.347	0.322	0.327	0.308	0.356
30	新疆	0.400	0.408	0.392	0.387	0.379	0.403	0.406	0.405	0.380	0.381	0.387	0.396	0.377	0.357	0.354	0.353	0.385
	全国平均	0.403	0.423	0.415	0.416	0.416	0.422	0.434	0.427	0.415	0.411	0.418	0.415	0.407	0.395	0.400	0.397	0.413

注:1997—2007年四川的数据为四川和重庆的合并数据。

资料来源:笔者利用中国30个省(直辖市、自治区)相关指标统计数据,通过训练好的BP网络仿真输出而得。

附表7　50个样本国家的经济子系统可持续发展评价值（1990,1997—2006年）

序号	国家	1990	1997	1998	1999	2000	2001	2002	2003	2004	2005	2006
1	阿根廷	0.436	0.500	0.493	0.483	0.466	0.418	0.464	0.573	0.538	0.526	0.599
2	澳大利亚	0.666	0.703	0.734	0.719	0.709	0.659	0.655	0.721	0.651	0.657	0.664
3	比利时	0.546	0.624	0.633	0.622	0.614	0.579	0.555	0.620	0.607	0.594	0.576
4	玻利维亚	0.514	0.485	0.491	0.469	0.473	0.394	0.392	0.479	0.493	0.492	0.549
5	巴西	0.428	0.486	0.464	0.456	0.447	0.397	0.438	0.484	0.429	0.429	0.428
6	喀麦隆	0.460	0.423	0.438	0.426	0.420	0.397	0.367	0.435	0.343	0.343	0.381
7	加拿大	0.729	0.751	0.749	0.736	0.728	0.700	0.683	0.751	0.694	0.694	0.714
8	智利	0.540	0.578	0.604	0.602	0.579	0.512	0.536	0.591	0.516	0.517	0.537
9	中国	0.579	0.603	0.617	0.618	0.615	0.530	0.506	0.565	0.570	0.573	0.572
10	哥伦比亚	0.517	0.498	0.527	0.495	0.470	0.441	0.437	0.522	0.489	0.490	0.535
11	克罗地亚	0.377	0.417	0.571	0.572	0.566	0.554	0.539	0.622	0.575	0.577	0.600
12	埃及	0.489	0.478	0.477	0.460	0.450	0.375	0.365	0.450	0.393	0.393	0.434
13	埃塞俄比亚	0.423	0.375	0.377	0.366	0.342	0.305	0.331	0.369	0.454	0.454	0.438
14	法国	0.716	0.644	0.667	0.652	0.709	0.684	0.671	0.729	0.672	0.668	0.655
15	德国	0.745	0.694	0.690	0.668	0.714	0.683	0.679	0.735	0.678	0.676	0.674
16	希腊	0.594	0.566	0.574	0.582	0.587	0.565	0.563	0.641	0.591	0.588	0.608

续表

序号	国家	1990	1997	1998	1999	2000	2001	2002	2003	2004	2005	2006
17	匈牙利	0.565	0.606	0.569	0.559	0.557	0.536	0.516	0.577	0.475	0.476	0.485
18	印度	0.440	0.485	0.476	0.486	0.483	0.427	0.429	0.512	0.430	0.428	0.531
19	印度尼西亚	0.576	0.548	0.560	0.558	0.551	0.516	0.479	0.554	0.523	0.522	0.559
20	爱尔兰	0.574	0.630	0.620	0.630	0.628	0.550	0.552	0.625	0.628	0.637	0.662
21	以色列	0.697	0.731	0.731	0.725	0.717	0.655	0.633	0.681	0.610	0.606	0.675
22	意大利	0.652	0.639	0.657	0.660	0.655	0.626	0.616	0.670	0.596	0.593	0.602
23	牙买加	0.535	0.519	0.513	0.535	0.539	0.522	0.509	0.553	0.524	0.524	0.434
24	日本	0.768	0.794	0.811	0.784	0.786	0.741	0.721	0.785	0.734	0.737	0.717
25	肯尼亚	0.513	0.475	0.490	0.479	0.475	0.465	0.485	0.516	0.461	0.461	0.460
26	韩国	0.694	0.724	0.717	0.693	0.688	0.634	0.609	0.697	0.621	0.628	0.663
27	马来西亚	0.486	0.433	0.423	0.429	0.423	0.348	0.366	0.448	0.423	0.422	0.461
28	墨西哥	0.528	0.579	0.578	0.595	0.583	0.535	0.529	0.558	0.509	0.551	0.578
29	新西兰	0.642	0.646	0.654	0.673	0.667	0.640	0.635	0.695	0.634	0.633	0.621
30	尼日利亚	0.388	0.407	0.408	0.398	0.385	0.363	0.359	0.490	0.406	0.399	0.378
31	挪威	0.775	0.762	0.771	0.774	0.742	0.704	0.730	0.796	0.742	0.737	0.698
32	巴拿马	0.568	0.578	0.585	0.600	0.598	0.557	0.563	0.629	0.513	0.511	0.581

续表

序号	国家	1990	1997	1998	1999	2000	2001	2002	2003	2004	2005	2006
33	秘鲁	0.432	0.434	0.473	0.468	0.478	0.417	0.436	0.524	0.497	0.499	0.569
34	波兰	0.556	0.635	0.616	0.619	0.607	0.547	0.563	0.630	0.562	0.561	0.569
35	葡萄牙	0.668	0.633	0.637	0.634	0.632	0.607	0.600	0.662	0.588	0.584	0.576
36	俄罗斯	0.555	0.572	0.579	0.564	0.555	0.582	0.595	0.678	0.608	0.604	0.599
37	沙特阿拉伯	0.460	0.470	0.488	0.466	0.465	0.452	0.432	0.500	0.480	0.480	0.472
38	南非	0.532	0.540	0.555	0.565	0.560	0.527	0.512	0.582	0.512	0.516	0.538
39	西班牙	0.627	0.542	0.563	0.557	0.643	0.611	0.601	0.675	0.630	0.628	0.647
40	瑞典	0.835	0.804	0.802	0.780	0.783	0.754	0.744	0.797	0.748	0.745	0.746
41	瑞士	0.843	0.807	0.797	0.776	0.772	0.768	0.752	0.805	0.786	0.792	0.738
42	坦桑尼亚	0.423	0.455	0.444	0.448	0.441	0.397	0.402	0.504	0.417	0.417	0.455
43	泰国	0.600	0.617	0.590	0.588	0.586	0.549	0.532	0.596	0.536	0.535	0.545
44	特立尼达和多巴哥	0.510	0.586	0.540	0.554	0.557	0.530	0.498	0.641	0.535	0.533	0.578
45	突尼斯	0.479	0.461	0.507	0.480	0.472	0.514	0.499	0.494	0.440	0.452	0.465
46	土耳其	0.526	0.536	0.556	0.554	0.547	0.499	0.477	0.598	0.514	0.515	0.519
47	英国	0.702	0.714	0.717	0.699	0.696	0.663	0.646	0.703	0.656	0.652	0.650
48	美国	0.732	0.766	0.788	0.767	0.755	0.712	0.684	0.742	0.675	0.675	0.678

续表

序号	国家	1990	1997	1998	1999	2000	2001	2002	2003	2004	2005	2006
49	委内瑞拉	0.488	0.565	0.546	0.544	0.525	0.457	0.510	0.455	0.568	0.563	0.539
50	越南	0.421	0.515	0.543	0.529	0.517	0.466	0.451	0.522	0.480	0.476	0.458
	世界平均	0.571	0.581	0.588	0.582	0.579	0.541	0.537	0.604	0.555	0.555	0.568
	发达国家	0.682	0.687	0.692	0.683	0.688	0.651	0.642	0.704	0.651	0.650	0.652
	发展中国家	0.503	0.515	0.525	0.520	0.513	0.474	0.472	0.542	0.496	0.497	0.517

资料来源：笔者利用50个样本国家相关统计数据,通过训练好的BP网络仿真输出而得。

附表8　50个样本国家的社会子系统可持续发展评价值(1990,1997—2006年)

序号	国家	1990	1997	1998	1999	2000	2001	2002	2003	2004	2005	2006
1	阿根廷	0.642	0.558	0.558	0.569	0.564	0.566	0.560	0.593	0.620	0.667	0.652
2	澳大利亚	0.786	0.769	0.769	0.779	0.768	0.781	0.799	0.797	0.821	0.807	0.797
3	比利时	0.748	0.706	0.711	0.715	0.728	0.750	0.772	0.729	0.767	0.774	0.789
4	玻利维亚	0.558	0.535	0.534	0.526	0.488	0.533	0.523	0.509	0.565	0.539	0.529
5	巴西	0.573	0.536	0.536	0.523	0.505	0.544	0.558	0.506	0.491	0.531	0.510
6	喀麦隆	0.458	0.437	0.436	0.434	0.363	0.421	0.392	0.450	0.482	0.382	0.382
7	加拿大	0.829	0.814	0.814	0.827	0.810	0.810	0.823	0.821	0.818	0.814	0.809

续表

序号	国家	1990	1997	1998	1999	2000	2001	2002	2003	2004	2005	2006
8	智利	0.597	0.564	0.564	0.542	0.552	0.589	0.602	0.586	0.632	0.633	0.624
9	中国	0.605	0.590	0.590	0.587	0.504	0.514	0.537	0.545	0.552	0.541	0.551
10	哥伦比亚	0.531	0.484	0.483	0.442	0.428	0.501	0.519	0.510	0.586	0.595	0.586
11	克罗地亚	0.683	0.615	0.618	0.616	0.561	0.646	0.673	0.670	0.697	0.697	0.702
12	埃及	0.616	0.572	0.571	0.577	0.509	0.546	0.570	0.556	0.459	0.549	0.613
13	埃塞俄比亚	0.458	0.408	0.406	0.410	0.309	0.421	0.438	0.424	0.487	0.434	0.465
14	法国	0.777	0.756	0.758	0.769	0.753	0.747	0.774	0.758	0.795	0.794	0.797
15	德国	0.771	0.748	0.751	0.759	0.729	0.761	0.780	0.777	0.796	0.809	0.793
16	希腊	0.758	0.725	0.726	0.720	0.684	0.721	0.745	0.661	0.755	0.769	0.775
17	匈牙利	0.707	0.693	0.696	0.720	0.694	0.662	0.720	0.689	0.722	0.737	0.743
18	印度	0.478	0.443	0.437	0.435	0.376	0.428	0.443	0.450	0.440	0.442	0.469
19	印度尼西亚	0.437	0.418	0.416	0.422	0.364	0.406	0.404	0.397	0.405	0.391	0.422
20	爱尔兰	0.722	0.727	0.728	0.730	0.688	0.747	0.721	0.729	0.718	0.719	0.734
21	以色列	0.679	0.706	0.696	0.684	0.685	0.663	0.707	0.732	0.748	0.748	0.733
22	意大利	0.782	0.787	0.791	0.775	0.729	0.731	0.730	0.764	0.764	0.751	0.736
23	牙买加	0.523	0.549	0.549	0.544	0.597	0.598	0.607	0.626	0.575	0.540	0.543

续表

序号	国家	1990	1997	1998	1999	2000	2001	2002	2003	2004	2005	2006
24	日本	0.775	0.759	0.764	0.759	0.721	0.727	0.735	0.714	0.702	0.705	0.715
25	肯尼亚	0.482	0.480	0.478	0.475	0.396	0.390	0.450	0.427	0.433	0.430	0.422
26	韩国	0.632	0.618	0.618	0.616	0.589	0.645	0.646	0.637	0.676	0.674	0.685
27	马来西亚	0.557	0.537	0.535	0.539	0.496	0.536	0.554	0.568	0.659	0.630	0.615
28	墨西哥	0.596	0.586	0.586	0.609	0.590	0.590	0.605	0.630	0.619	0.652	0.671
29	新西兰	0.755	0.796	0.796	0.826	0.821	0.816	0.771	0.782	0.781	0.800	0.799
30	尼日利亚	0.319	0.346	0.340	0.329	0.267	0.316	0.331	0.395	0.364	0.322	0.326
31	挪威	0.862	0.820	0.820	0.829	0.807	0.868	0.890	0.833	0.901	0.892	0.903
32	巴拿马	0.592	0.557	0.556	0.569	0.533	0.589	0.594	0.515	0.480	0.557	0.571
33	秘鲁	0.512	0.479	0.478	0.479	0.455	0.466	0.499	0.493	0.480	0.517	0.527
34	波兰	0.690	0.690	0.692	0.663	0.629	0.655	0.667	0.629	0.657	0.662	0.633
35	葡萄牙	0.735	0.707	0.709	0.732	0.680	0.687	0.666	0.672	0.622	0.705	0.707
36	俄罗斯	0.719	0.654	0.654	0.643	0.626	0.643	0.717	0.694	0.696	0.699	0.687
37	沙特阿拉伯	0.580	0.657	0.657	0.667	0.651	0.594	0.642	0.595	0.615	0.664	0.701
38	南非	0.488	0.553	0.552	0.567	0.383	0.428	0.365	0.435	0.411	0.397	0.412
39	西班牙	0.685	0.678	0.679	0.688	0.678	0.601	0.722	0.702	0.642	0.720	0.716

续表

序号	国家	1990	1997	1998	1999	2000	2001	2002	2003	2004	2005	2006
40	瑞典	0.910	0.893	0.893	0.906	0.894	0.902	0.921	0.891	0.908	0.899	0.896
41	瑞士	0.825	0.798	0.799	0.810	0.779	0.802	0.794	0.814	0.804	0.815	0.834
42	坦桑尼亚	0.511	0.439	0.437	0.449	0.376	0.417	0.431	0.434	0.414	0.443	0.442
43	泰国	0.575	0.605	0.605	0.603	0.527	0.507	0.518	0.524	0.524	0.561	0.562
44	特立尼达和多巴哥	0.534	0.558	0.559	0.574	0.555	0.576	0.580	0.587	0.589	0.598	0.554
45	突尼斯	0.587	0.571	0.570	0.556	0.528	0.583	0.599	0.603	0.644	0.630	0.650
46	土耳其	0.592	0.583	0.582	0.575	0.546	0.569	0.499	0.565	0.610	0.611	0.624
47	英国	0.735	0.721	0.724	0.737	0.730	0.719	0.758	0.762	0.744	0.758	0.762
48	美国	0.791	0.734	0.734	0.742	0.720	0.765	0.788	0.781	0.786	0.786	0.785
49	委内瑞拉	0.568	0.524	0.523	0.496	0.491	0.534	0.550	0.529	0.572	0.541	0.522
50	越南	0.512	0.494	0.490	0.501	0.442	0.464	0.480	0.487	0.501	0.510	0.511
	世界平均	0.637	0.619	0.619	0.621	0.586	0.609	0.623	0.620	0.631	0.637	0.640
	发达国家	0.768	0.754	0.755	0.760	0.739	0.749	0.769	0.756	0.770	0.777	0.776
	发展中国家	0.556	0.537	0.536	0.536	0.492	0.524	0.534	0.536	0.545	0.551	0.556

资料来源：笔者利用 50 个样本国家相关指标统计数据，通过训练好的 BP 网络仿真输出而得。

附表9　50个样本国家的环境子系统可持续发展评价值(1990,1997—2006年)

序号	国家	1990	1997	1998	1999	2000	2001	2002	2003	2004	2005	2006
1	阿根廷	0.515	0.475	0.471	0.493	0.494	0.483	0.509	0.498	0.485	0.481	0.481
2	澳大利亚	0.380	0.264	0.244	0.285	0.301	0.364	0.467	0.457	0.428	0.433	0.434
3	比利时	0.526	0.497	0.503	0.511	0.506	0.524	0.593	0.580	0.542	0.542	0.545
4	玻利维亚	0.700	0.617	0.612	0.669	0.655	0.616	0.624	0.674	0.676	0.697	0.700
5	巴西	0.807	0.792	0.788	0.803	0.805	0.815	0.825	0.822	0.816	0.773	0.776
6	喀麦隆	0.606	0.604	0.606	0.763	0.762	0.698	0.702	0.773	0.779	0.754	0.746
7	加拿大	0.463	0.441	0.411	0.446	0.490	0.496	0.553	0.537	0.439	0.462	0.463
8	智利	0.525	0.434	0.421	0.479	0.486	0.505	0.530	0.522	0.507	0.510	0.510
9	中国	0.673	0.627	0.631	0.654	0.657	0.683	0.690	0.667	0.642	0.660	0.658
10	哥伦比亚	0.767	0.694	0.692	0.725	0.712	0.738	0.747	0.728	0.726	0.748	0.754
11	克罗地亚	0.724	0.651	0.639	0.636	0.644	0.681	0.704	0.672	0.651	0.677	0.676
12	埃及	0.487	0.492	0.490	0.507	0.474	0.484	0.497	0.494	0.487	0.487	0.487
13	埃塞俄比亚	0.518	0.522	0.522	0.499	0.483	0.486	0.486	0.492	0.492	0.521	0.529
14	法国	0.628	0.608	0.605	0.705	0.707	0.689	0.724	0.743	0.649	0.655	0.651
15	德国	0.602	0.606	0.611	0.627	0.619	0.648	0.696	0.654	0.630	0.632	0.632
16	希腊	0.550	0.609	0.600	0.511	0.516	0.545	0.589	0.567	0.569	0.579	0.574

续表

序号	国家	1990	1997	1998	1999	2000	2001	2002	2003	2004	2005	2006
17	匈牙利	0.585	0.522	0.520	0.563	0.570	0.607	0.635	0.618	0.691	0.710	0.699
18	印度	0.593	0.597	0.595	0.615	0.600	0.611	0.616	0.612	0.609	0.611	0.604
19	印度尼西亚	0.816	0.799	0.799	0.782	0.812	0.810	0.816	0.824	0.816	0.751	0.759
20	爱尔兰	0.428	0.451	0.437	0.453	0.456	0.442	0.507	0.524	0.408	0.430	0.411
21	以色列	0.511	0.443	0.425	0.433	0.440	0.461	0.512	0.496	0.465	0.483	0.480
22	意大利	0.666	0.609	0.604	0.668	0.671	0.719	0.760	0.730	0.705	0.700	0.701
23	牙买加	0.412	0.338	0.331	0.450	0.449	0.417	0.442	0.488	0.477	0.466	0.464
24	日本	0.802	0.745	0.748	0.784	0.770	0.794	0.847	0.826	0.793	0.786	0.793
25	肯尼亚	0.479	0.434	0.431	0.592	0.576	0.555	0.557	0.589	0.603	0.485	0.482
26	韩国	0.888	0.832	0.850	0.813	0.807	0.839	0.888	0.858	0.825	0.828	0.828
27	马来西亚	0.928	0.778	0.779	0.857	0.831	0.863	0.897	0.867	0.839	0.863	0.863
28	墨西哥	0.645	0.582	0.578	0.636	0.585	0.614	0.644	0.622	0.604	0.619	0.623
29	新西兰	0.494	0.458	0.457	0.490	0.492	0.497	0.542	0.545	0.531	0.538	0.538
30	尼日利亚	0.535	0.500	0.500	0.611	0.547	0.552	0.553	0.556	0.550	0.532	0.536
31	挪威	0.457	0.359	0.486	0.492	0.474	0.485	0.519	0.531	0.404	0.391	0.404
32	巴拿马	0.656	0.474	0.479	0.480	0.493	0.493	0.508	0.508	0.505	0.577	0.597

续表

序号	国家	1990	1997	1998	1999	2000	2001	2002	2003	2004	2005	2006
33	秘鲁	0.762	0.693	0.691	0.730	0.732	0.759	0.766	0.762	0.757	0.767	0.771
34	波兰	0.610	0.546	0.558	0.601	0.595	0.616	0.662	0.645	0.603	0.597	0.602
35	葡萄牙	0.700	0.668	0.654	0.705	0.712	0.739	0.770	0.746	0.718	0.716	0.725
36	俄罗斯	0.650	0.610	0.623	0.660	0.665	0.668	0.725	0.727	0.657	0.637	0.642
37	沙特阿拉伯	0.426	0.382	0.369	0.409	0.312	0.339	0.476	0.437	0.410	0.447	0.413
38	南非	0.466	0.465	0.446	0.459	0.473	0.473	0.513	0.503	0.471	0.475	0.472
39	西班牙	0.606	0.550	0.541	0.602	0.620	0.625	0.661	0.659	0.633	0.675	0.667
40	瑞典	0.808	0.729	0.737	0.815	0.851	0.877	0.902	0.878	0.860	0.827	0.836
41	瑞士	0.623	0.575	0.580	0.613	0.622	0.659	0.687	0.670	0.655	0.647	0.651
42	坦桑尼亚	0.646	0.548	0.546	0.634	0.650	0.629	0.629	0.661	0.661	0.617	0.628
43	泰国	0.692	0.617	0.618	0.662	0.664	0.649	0.663	0.653	0.634	0.622	0.631
44	特立尼达和多巴哥	0.349	0.196	0.195	0.307	0.302	0.310	0.310	0.391	0.391	0.333	0.338
45	突尼斯	0.541	0.561	0.549	0.558	0.558	0.616	0.623	0.599	0.592	0.605	0.610
46	土耳其	0.567	0.558	0.551	0.587	0.570	0.588	0.610	0.612	0.600	0.600	0.599
47	英国	0.491	0.478	0.480	0.491	0.490	0.495	0.555	0.553	0.563	0.562	0.563
48	美国	0.427	0.360	0.360	0.394	0.437	0.432	0.543	0.534	0.468	0.503	0.503

续表

序号	国家	1990	1997	1998	1999	2000	2001	2002	2003	2004	2005	2006
49	委内瑞拉	0.669	0.589	0.584	0.686	0.670	0.697	0.757	0.739	0.695	0.667	0.676
50	越南	0.568	0.559	0.555	0.588	0.587	0.605	0.608	0.584	0.577	0.609	0.623
	世界平均	0.599	0.551	0.550	0.591	0.588	0.600	0.633	0.629	0.606	0.606	0.607
	发达国家	0.561	0.518	0.521	0.552	0.559	0.578	0.629	0.618	0.581	0.587	0.587
	发展中国家	0.623	0.571	0.568	0.614	0.605	0.613	0.635	0.635	0.621	0.617	0.619

资料来源：笔者利用50个样本国家相关指标统计数据,通过训练好的BP网络仿真输出而得。

附表 10　50个样本国家的资源子系统可持续发展评价值（1990,1997—2006 年）

序号	国家	1990	1997	1998	1999	2000	2001	2002	2003	2004	2005	2006
1	阿根廷	0.484	0.479	0.483	0.473	0.485	0.487	0.429	0.429	0.423	0.426	0.402
2	澳大利亚	0.546	0.522	0.522	0.526	0.547	0.540	0.546	0.548	0.564	0.577	0.566
3	比利时	0.366	0.359	0.358	0.356	0.348	0.353	0.350	0.349	0.349	0.349	0.352
4	玻利维亚	0.441	0.403	0.404	0.398	0.394	0.397	0.401	0.391	0.380	0.407	0.367
5	巴西	0.480	0.463	0.462	0.453	0.445	0.433	0.408	0.411	0.420	0.423	0.426
6	喀麦隆	0.456	0.402	0.402	0.401	0.383	0.396	0.395	0.394	0.376	0.380	0.377
7	加拿大	0.612	0.585	0.587	0.589	0.586	0.586	0.588	0.581	0.580	0.587	0.588

续表

序号	国家	1990	1997	1998	1999	2000	2001	2002	2003	2004	2005	2006
8	智利	0.301	0.298	0.297	0.275	0.311	0.319	0.315	0.308	0.307	0.307	0.305
9	中国	0.322	0.337	0.337	0.347	0.344	0.350	0.347	0.344	0.345	0.349	0.318
10	哥伦比亚	0.494	0.494	0.494	0.509	0.520	0.501	0.510	0.500	0.498	0.515	0.490
11	克罗地亚	0.412	0.392	0.394	0.387	0.391	0.395	0.384	0.384	0.381	0.382	0.382
12	埃及	0.396	0.381	0.380	0.373	0.352	0.354	0.338	0.336	0.330	0.336	0.310
13	埃塞俄比亚	0.332	0.333	0.332	0.331	0.333	0.327	0.324	0.319	0.322	0.325	0.315
14	法国	0.410	0.398	0.399	0.393	0.386	0.392	0.389	0.386	0.386	0.386	0.386
15	德国	0.396	0.389	0.388	0.387	0.382	0.382	0.378	0.372	0.373	0.373	0.377
16	希腊	0.421	0.409	0.408	0.401	0.397	0.396	0.397	0.397	0.399	0.399	0.426
17	匈牙利	0.401	0.397	0.398	0.398	0.394	0.397	0.380	0.380	0.380	0.380	0.376
18	印度	0.351	0.351	0.351	0.351	0.362	0.348	0.347	0.350	0.352	0.354	0.331
19	印度尼西亚	0.320	0.311	0.311	0.304	0.325	0.308	0.315	0.322	0.331	0.337	0.332
20	爱尔兰	0.409	0.429	0.425	0.428	0.426	0.422	0.438	0.435	0.438	0.436	0.424
21	以色列	0.387	0.383	0.382	0.374	0.370	0.365	0.355	0.368	0.370	0.370	0.369
22	意大利	0.438	0.424	0.425	0.414	0.409	0.415	0.409	0.399	0.398	0.397	0.391
23	牙买加	0.240	0.227	0.227	0.223	0.274	0.256	0.277	0.286	0.296	0.295	0.319

续表

序号	国家	1990	1997	1998	1999	2000	2001	2002	2003	2004	2005	2006
24	日本	0.403	0.395	0.395	0.387	0.373	0.377	0.373	0.369	0.369	0.369	0.368
25	肯尼亚	0.333	0.326	0.326	0.325	0.319	0.319	0.318	0.318	0.319	0.321	0.323
26	韩国	0.356	0.349	0.348	0.344	0.331	0.333	0.332	0.334	0.337	0.334	0.333
27	马来西亚	0.434	0.397	0.396	0.398	0.380	0.365	0.372	0.359	0.353	0.361	0.362
28	墨西哥	0.413	0.398	0.398	0.393	0.385	0.388	0.380	0.374	0.372	0.378	0.379
29	新西兰	0.415	0.384	0.384	0.378	0.492	0.502	0.503	0.501	0.502	0.501	0.506
30	尼日利亚	0.289	0.267	0.265	0.233	0.203	0.197	0.206	0.215	0.197	0.208	0.238
31	挪威	0.790	0.791	0.790	0.779	0.756	0.772	0.772	0.773	0.762	0.763	0.736
32	巴拿马	0.506	0.483	0.482	0.485	0.460	0.444	0.446	0.467	0.463	0.462	0.486
33	秘鲁	0.429	0.397	0.397	0.410	0.503	0.510	0.497	0.501	0.508	0.513	0.461
34	波兰	0.363	0.352	0.352	0.360	0.367	0.370	0.369	0.368	0.366	0.368	0.369
35	葡萄牙	0.440	0.429	0.428	0.408	0.402	0.400	0.387	0.387	0.385	0.383	0.376
36	俄罗斯	0.382	0.359	0.360	0.365	0.329	0.322	0.341	0.344	0.346	0.358	0.369
37	沙特阿拉伯	0.448	0.323	0.322	0.192	0.316	0.303	0.280	0.288	0.288	0.312	0.465
38	南非	0.357	0.338	0.337	0.335	0.362	0.343	0.332	0.345	0.362	0.366	0.332
39	西班牙	0.432	0.412	0.410	0.400	0.394	0.397	0.392	0.394	0.394	0.393	0.394

续表

序号	国家	1990	1997	1998	1999	2000	2001	2002	2003	2004	2005	2006
40	瑞典	0.416	0.398	0.397	0.380	0.401	0.401	0.395	0.395	0.397	0.401	0.401
41	瑞士	0.444	0.426	0.426	0.418	0.409	0.412	0.406	0.404	0.403	0.403	0.408
42	坦桑尼亚	0.317	0.305	0.306	0.308	0.308	0.303	0.298	0.296	0.316	0.319	0.318
43	泰国	0.417	0.392	0.391	0.389	0.377	0.377	0.367	0.360	0.359	0.360	0.338
44	特立尼达和多巴哥	0.385	0.337	0.337	0.352	0.283	0.292	0.300	0.280	0.259	0.275	0.264
45	突尼斯	0.422	0.418	0.417	0.405	0.402	0.405	0.386	0.390	0.396	0.399	0.376
46	土耳其	0.406	0.406	0.405	0.385	0.379	0.377	0.380	0.380	0.380	0.380	0.376
47	英国	0.418	0.410	0.409	0.410	0.397	0.402	0.402	0.401	0.400	0.398	0.397
48	美国	0.436	0.411	0.411	0.409	0.407	0.408	0.405	0.402	0.403	0.405	0.405
49	委内瑞拉	0.462	0.424	0.423	0.433	0.364	0.361	0.336	0.298	0.312	0.405	0.370
50	越南	0.354	0.354	0.354	0.367	0.334	0.355	0.339	0.336	0.333	0.331	0.311
	世界平均	0.414	0.397	0.397	0.391	0.392	0.391	0.387	0.385	0.386	0.390	0.388
	发达国家	0.448	0.435	0.435	0.431	0.434	0.436	0.434	0.433	0.433	0.434	0.434
	发展中国家	0.393	0.373	0.373	0.366	0.366	0.363	0.358	0.356	0.356	0.362	0.360

资料来源：笔者利用50个样本国家相关指标统计数据，通过训练好的BP网络仿真输出而得。

附表11　　中国30个省（直辖市、自治区）的经济子系统可持续发展评价值（1992—2007年）

序号	省市自治区	1992	1993	1994	1995	1996	1997	1998	1999	2000	2001	2002	2003	2004	2005	2006	2007	年均值
1	北京	0.659	0.711	0.731	0.736	0.723	0.745	0.802	0.841	0.807	0.702	0.816	0.655	0.639	0.668	0.685	0.533	0.716
2	天津	0.448	0.505	0.505	0.521	0.573	0.596	0.596	0.626	0.561	0.470	0.513	0.524	0.493	0.455	0.467	0.429	0.518
3	河北	0.159	0.200	0.198	0.208	0.217	0.247	0.330	0.267	0.193	0.133	0.120	0.155	0.131	0.131	0.148	0.158	0.187
4	山西	0.208	0.214	0.202	0.219	0.204	0.217	0.253	0.156	0.137	0.218	0.249	0.188	0.164	0.180	0.212	0.225	0.203
5	内蒙古	0.100	0.105	0.120	0.156	0.159	0.135	0.226	0.137	0.166	0.159	0.241	0.250	0.282	0.337	0.320	0.349	0.203
6	辽宁	0.333	0.381	0.331	0.321	0.314	0.312	0.349	0.346	0.301	0.265	0.315	0.342	0.343	0.311	0.326	0.333	0.326
7	吉林	0.193	0.211	0.225	0.213	0.238	0.205	0.262	0.228	0.169	0.294	0.159	0.152	0.168	0.191	0.249	0.292	0.216
8	黑龙江	0.120	0.120	0.132	0.176	0.169	0.178	0.224	0.171	0.126	0.183	0.122	0.134	0.118	0.106	0.118	0.133	0.146
9	上海	0.609	0.666	0.656	0.672	0.706	0.744	0.744	0.754	0.715	0.526	0.628	0.704	0.705	0.654	0.651	0.588	0.670
10	江苏	0.259	0.297	0.267	0.297	0.290	0.319	0.330	0.376	0.369	0.283	0.373	0.427	0.382	0.360	0.383	0.356	0.336
11	浙江	0.211	0.278	0.286	0.285	0.251	0.246	0.325	0.312	0.345	0.281	0.364	0.411	0.343	0.317	0.334	0.326	0.307
12	安徽	0.126	0.169	0.216	0.191	0.200	0.224	0.228	0.228	0.187	0.140	0.111	0.140	0.168	0.163	0.197	0.246	0.178
13	福建	0.386	0.483	0.475	0.435	0.462	0.489	0.520	0.482	0.399	0.302	0.310	0.333	0.289	0.252	0.297	0.288	0.388
14	江西	0.168	0.192	0.219	0.216	0.210	0.224	0.212	0.206	0.153	0.152	0.197	0.273	0.186	0.174	0.165	0.181	0.196
15	山东	0.177	0.221	0.216	0.235	0.237	0.259	0.333	0.312	0.289	0.207	0.260	0.305	0.245	0.227	0.231	0.229	0.249

续表

序号	省、直辖市、自治区	1992	1993	1994	1995	1996	1997	1998	1999	2000	2001	2002	2003	2004	2005	2006	2007	年均值
16	河南	0.084	0.121	0.125	0.160	0.170	0.155	0.201	0.138	0.122	0.211	0.066	0.101	0.111	0.109	0.138	0.171	0.136
17	湖北	0.188	0.225	0.239	0.265	0.265	0.305	0.349	0.322	0.291	0.153	0.145	0.226	0.181	0.163	0.180	0.215	0.232
18	湖南	0.169	0.185	0.181	0.185	0.208	0.200	0.240	0.221	0.197	0.152	0.143	0.184	0.157	0.137	0.139	0.186	0.180
19	广东	0.453	0.545	0.534	0.500	0.519	0.527	0.604	0.574	0.559	0.421	0.420	0.457	0.404	0.401	0.413	0.358	0.481
20	广西	0.226	0.277	0.258	0.263	0.208	0.208	0.286	0.235	0.156	0.154	0.179	0.165	0.145	0.158	0.168	0.199	0.205
21	海南	0.630	0.600	0.563	0.490	0.420	0.396	0.447	0.429	0.344	0.294	0.274	0.281	0.222	0.194	0.206	0.322	0.382
22	四川	0.124	0.159	0.148	0.170	0.182	0.207	0.254	0.209	0.200	0.183	0.185	0.232	0.208	0.195	0.201	0.263	0.195
23	贵州	0.088	0.117	0.087	0.179	0.137	0.148	0.241	0.221	0.194	0.204	0.178	0.185	0.169	0.174	0.170	0.209	0.169
24	云南	0.192	0.202	0.224	0.256	0.222	0.234	0.288	0.245	0.163	0.120	0.140	0.148	0.158	0.169	0.188	0.201	0.197
25	西藏	0.254	0.243	0.323	0.347	0.255	0.266	0.313	0.359	0.308	0.344	0.345	0.306	0.281	0.245	0.251	0.283	0.295
26	陕西	0.183	0.241	0.220	0.262	0.277	0.312	0.372	0.348	0.274	0.255	0.260	0.263	0.234	0.221	0.220	0.273	0.263
27	甘肃	0.186	0.180	0.182	0.196	0.178	0.159	0.256	0.226	0.166	0.183	0.164	0.147	0.120	0.154	0.124	0.157	0.174
28	青海	0.175	0.197	0.172	0.181	0.225	0.258	0.331	0.330	0.319	0.330	0.308	0.276	0.223	0.186	0.178	0.180	0.242
29	宁夏	0.154	0.161	0.152	0.201	0.297	0.207	0.316	0.337	0.299	0.305	0.270	0.254	0.215	0.263	0.252	0.225	0.244
30	新疆	0.181	0.184	0.183	0.207	0.199	0.255	0.266	0.274	0.205	0.180	0.159	0.206	0.175	0.159	0.133	0.171	0.196
	全国平均	0.248	0.280	0.279	0.291	0.290	0.299	0.350	0.329	0.289	0.260	0.267	0.281	0.255	0.249	0.258	0.269	0.281

注:1997—2007 年四川的数据为四川和重庆的合并数据。

资料来源:笔者利用中国 30 个省(直辖市、自治区)相关指标统计数据,通过训练好的 BP 网络仿真输出而得。

附表12　中国30个省(直辖市、自治区)的社会子系统可持续发展评价值(1992—2007年)

序号	省、直辖市、自治区	1992	1993	1994	1995	1996	1997	1998	1999	2000	2001	2002	2003	2004	2005	2006	2007	年均值
1	北京	0.885	0.820	0.884	0.884	0.866	0.857	0.858	0.851	0.854	0.851	0.855	0.854	0.850	0.858	0.855	0.834	0.857
2	天津	0.550	0.603	0.584	0.578	0.557	0.554	0.544	0.588	0.570	0.581	0.619	0.636	0.644	0.661	0.633	0.604	0.594
3	河北	0.330	0.368	0.358	0.390	0.377	0.387	0.371	0.373	0.366	0.373	0.388	0.376	0.381	0.376	0.387	0.364	0.373
4	山西	0.321	0.375	0.355	0.359	0.372	0.374	0.363	0.369	0.376	0.384	0.382	0.390	0.399	0.409	0.409	0.397	0.377
5	内蒙古	0.279	0.309	0.270	0.305	0.300	0.315	0.323	0.336	0.322	0.326	0.355	0.346	0.354	0.350	0.358	0.343	0.324
6	辽宁	0.496	0.485	0.508	0.500	0.457	0.448	0.451	0.465	0.444	0.431	0.433	0.431	0.444	0.449	0.464	0.462	0.461
7	吉林	0.405	0.428	0.433	0.426	0.437	0.432	0.395	0.401	0.369	0.409	0.425	0.423	0.444	0.434	0.435	0.420	0.420
8	黑龙江	0.395	0.409	0.401	0.405	0.400	0.374	0.364	0.382	0.379	0.357	0.391	0.399	0.412	0.401	0.406	0.390	0.392
9	上海	0.680	0.744	0.722	0.682	0.675	0.646	0.633	0.637	0.612	0.656	0.668	0.697	0.684	0.682	0.670	0.659	0.672
10	江苏	0.410	0.476	0.455	0.456	0.450	0.447	0.437	0.444	0.423	0.461	0.481	0.492	0.521	0.545	0.567	0.583	0.478
11	浙江	0.426	0.470	0.493	0.481	0.483	0.486	0.491	0.483	0.477	0.497	0.540	0.555	0.558	0.573	0.620	0.615	0.516
12	安徽	0.229	0.285	0.271	0.289	0.263	0.299	0.288	0.292	0.289	0.306	0.332	0.312	0.318	0.301	0.327	0.317	0.295
13	福建	0.366	0.421	0.406	0.420	0.441	0.448	0.438	0.433	0.431	0.405	0.438	0.430	0.441	0.439	0.439	0.408	0.425
14	江西	0.315	0.324	0.326	0.339	0.330	0.326	0.322	0.326	0.301	0.311	0.340	0.325	0.346	0.350	0.369	0.360	0.332
15	山东	0.405	0.421	0.420	0.424	0.376	0.412	0.409	0.416	0.403	0.407	0.428	0.420	0.424	0.434	0.493	0.491	0.424
16	河南	0.273	0.315	0.307	0.321	0.286	0.330	0.330	0.334	0.328	0.331	0.355	0.340	0.348	0.356	0.413	0.408	0.336

续表

序号	省、直辖市、自治区	1992	1993	1994	1995	1996	1997	1998	1999	2000	2001	2002	2003	2004	2005	2006	2007	年均值
17	湖北	0.317	0.352	0.378	0.363	0.336	0.367	0.376	0.373	0.370	0.394	0.416	0.408	0.424	0.419	0.437	0.420	0.384
18	湖南	0.337	0.368	0.339	0.350	0.327	0.356	0.347	0.346	0.339	0.339	0.374	0.354	0.357	0.359	0.369	0.348	0.351
19	广东	0.446	0.543	0.540	0.569	0.529	0.595	0.579	0.561	0.553	0.560	0.590	0.576	0.609	0.607	0.618	0.592	0.567
20	广西	0.246	0.295	0.258	0.285	0.275	0.311	0.304	0.309	0.289	0.282	0.306	0.290	0.282	0.262	0.261	0.250	0.282
21	海南	0.325	0.375	0.347	0.356	0.363	0.372	0.352	0.348	0.337	0.353	0.388	0.354	0.375	0.365	0.340	0.328	0.355
22	四川	0.292	0.308	0.286	0.302	0.298	0.312	0.309	0.318	0.303	0.315	0.342	0.341	0.341	0.337	0.335	0.334	0.317
23	贵州	0.181	0.201	0.188	0.178	0.193	0.220	0.214	0.182	0.190	0.192	0.224	0.215	0.210	0.202	0.213	0.207	0.201
24	云南	0.265	0.277	0.232	0.250	0.244	0.283	0.269	0.272	0.271	0.272	0.275	0.267	0.245	0.238	0.236	0.217	0.257
25	西藏	0.193	0.209	0.170	0.189	0.192	0.183	0.178	0.183	0.161	0.169	0.184	0.212	0.198	0.189	0.207	0.172	0.187
26	陕西	0.302	0.341	0.333	0.305	0.329	0.332	0.332	0.326	0.343	0.343	0.371	0.345	0.355	0.342	0.358	0.339	0.337
27	甘肃	0.204	0.232	0.220	0.185	0.240	0.260	0.269	0.231	0.272	0.285	0.300	0.263	0.283	0.274	0.265	0.246	0.252
28	青海	0.227	0.278	0.261	0.258	0.272	0.274	0.267	0.269	0.261	0.229	0.266	0.248	0.245	0.230	0.234	0.213	0.252
29	宁夏	0.221	0.257	0.198	0.221	0.253	0.248	0.257	0.270	0.232	0.252	0.287	0.284	0.280	0.259	0.268	0.252	0.252
30	新疆	0.302	0.326	0.289	0.288	0.289	0.306	0.300	0.301	0.272	0.284	0.321	0.329	0.313	0.281	0.291	0.253	0.297
	全国平均	0.354	0.387	0.374	0.379	0.374	0.385	0.379	0.381	0.371	0.379	0.402	0.397	0.403	0.399	0.409	0.394	0.385

注：1997—2007年四川的数据为四川和重庆的合并数据。

资料来源：笔者利用中国30个省（直辖市、自治区）相关指标统计数据，通过训练好的BP网络仿真输出而得。

附表 13　中国 30 个省（直辖市、自治区）的环境子系统可持续发展评价值（1992—2007 年）

序号	省、直辖市、自治区	1992	1993	1994	1995	1996	1997	1998	1999	2000	2001	2002	2003	2004	2005	2006	2007	年均值
1	北京	0.376	0.443	0.365	0.350	0.365	0.336	0.354	0.395	0.443	0.495	0.539	0.561	0.575	0.567	0.565	0.589	0.457
2	天津	0.505	0.499	0.447	0.414	0.350	0.473	0.503	0.557	0.500	0.380	0.337	0.312	0.361	0.259	0.304	0.340	0.409
3	河北	0.678	0.672	0.653	0.659	0.682	0.669	0.632	0.636	0.642	0.604	0.605	0.573	0.460	0.446	0.424	0.378	0.588
4	山西	0.701	0.635	0.603	0.610	0.631	0.617	0.556	0.560	0.555	0.563	0.544	0.487	0.509	0.477	0.454	0.457	0.560
5	内蒙古	0.743	0.723	0.751	0.729	0.729	0.701	0.707	0.715	0.729	0.739	0.717	0.672	0.623	0.581	0.562	0.564	0.687
6	辽宁	0.450	0.443	0.417	0.469	0.543	0.499	0.521	0.509	0.517	0.531	0.547	0.523	0.540	0.429	0.435	0.455	0.489
7	吉林	0.779	0.753	0.745	0.754	0.779	0.783	0.807	0.795	0.798	0.805	0.805	0.797	0.798	0.770	0.776	0.782	0.783
8	黑龙江	0.772	0.757	0.739	0.775	0.780	0.777	0.807	0.809	0.801	0.810	0.813	0.803	0.824	0.824	0.817	0.831	0.796
9	上海	0.082	0.076	0.051	0.061	0.095	0.065	0.085	0.084	0.096	0.081	0.088	0.095	0.125	0.148	0.181	0.208	0.101
10	江苏	0.570	0.566	0.568	0.586	0.530	0.586	0.553	0.529	0.505	0.421	0.411	0.403	0.372	0.335	0.334	0.350	0.476
11	浙江	0.756	0.759	0.809	0.755	0.804	0.812	0.749	0.732	0.676	0.622	0.601	0.562	0.564	0.526	0.508	0.499	0.671
12	安徽	0.748	0.747	0.727	0.726	0.782	0.764	0.783	0.775	0.768	0.765	0.759	0.752	0.759	0.744	0.710	0.689	0.750
13	福建	0.889	0.883	0.869	0.856	0.835	0.901	0.888	0.859	0.825	0.728	0.742	0.718	0.684	0.651	0.651	0.632	0.788
14	江西	0.817	0.815	0.790	0.800	0.806	0.828	0.841	0.844	0.824	0.839	0.808	0.791	0.790	0.791	0.777	0.776	0.809
15	山东	0.690	0.684	0.675	0.664	0.704	0.686	0.673	0.665	0.641	0.624	0.633	0.605	0.577	0.537	0.515	0.492	0.629
16	河南	0.745	0.762	0.732	0.717	0.762	0.752	0.755	0.742	0.718	0.713	0.697	0.680	0.681	0.651	0.636	0.628	0.711

续表

序号	省、直辖市、自治区	1992	1993	1994	1995	1996	1997	1998	1999	2000	2001	2002	2003	2004	2005	2006	2007	年均值
17	湖北	0.713	0.703	0.690	0.680	0.737	0.762	0.749	0.739	0.732	0.748	0.738	0.728	0.724	0.717	0.719	0.726	0.725
18	湖南	0.795	0.808	0.810	0.818	0.800	0.819	0.805	0.812	0.803	0.810	0.803	0.776	0.776	0.772	0.789	0.784	0.799
19	广东	0.747	0.748	0.726	0.704	0.781	0.838	0.814	0.802	0.802	0.789	0.751	0.733	0.725	0.680	0.677	0.664	0.749
20	广西	0.838	0.831	0.819	0.818	0.825	0.826	0.814	0.805	0.790	0.779	0.772	0.720	0.700	0.688	0.703	0.638	0.773
21	海南	0.875	0.862	0.880	0.887	0.925	0.915	0.918	0.915	0.899	0.903	0.896	0.888	0.895	0.876	0.876	0.887	0.894
22	四川	0.789	0.797	0.795	0.794	0.821	0.814	0.820	0.792	0.771	0.779	0.771	0.759	0.759	0.747	0.722	0.710	0.778
23	贵州	0.819	0.822	0.816	0.819	0.840	0.832	0.760	0.771	0.789	0.807	0.808	0.791	0.791	0.789	0.756	0.750	0.798
24	云南	0.875	0.880	0.861	0.853	0.868	0.868	0.863	0.852	0.849	0.851	0.847	0.839	0.837	0.835	0.821	0.820	0.851
25	西藏	0.879	0.874	0.873	0.874	0.878	0.874	0.877	0.873	0.879	0.879	0.879	0.879	0.879	0.879	0.879	0.879	0.877
26	陕西	0.826	0.836	0.805	0.804	0.813	0.822	0.822	0.818	0.817	0.826	0.811	0.797	0.789	0.768	0.773	0.765	0.806
27	甘肃	0.768	0.761	0.748	0.754	0.744	0.745	0.752	0.753	0.756	0.782	0.773	0.745	0.772	0.764	0.761	0.766	0.759
28	青海	0.796	0.780	0.777	0.778	0.769	0.768	0.774	0.767	0.758	0.750	0.763	0.750	0.748	0.698	0.678	0.670	0.752
29	宁夏	0.694	0.641	0.656	0.672	0.717	0.662	0.680	0.671	0.619	0.659	0.632	0.616	0.618	0.488	0.513	0.488	0.627
30	新疆	0.790	0.784	0.779	0.759	0.784	0.779	0.783	0.780	0.782	0.775	0.770	0.756	0.759	0.742	0.742	0.745	0.769
	全国平均	0.717	0.711	0.699	0.698	0.716	0.719	0.715	0.712	0.703	0.695	0.689	0.670	0.667	0.639	0.635	0.632	0.689

注:1997~2007 年四川的数据为四川和重庆的合并数据。

资料来源:笔者利用中国 30 个省(直辖市、自治区)相关指标统计数据,通过训练好的 BP 网络仿真输出而得。

附表14　中国30个省(直辖市、自治区)的资源子系统可持续发展评价值(1992—2007年)

序号	省、直辖市、自治区	1992	1993	1994	1995	1996	1997	1998	1999	2000	2001	2002	2003	2004	2005	2006	2007	年均值
1	北京	0.228	0.224	0.204	0.185	0.165	0.160	0.173	0.163	0.154	0.155	0.162	0.193	0.181	0.176	0.176	0.175	0.180
2	天津	0.197	0.227	0.215	0.211	0.207	0.226	0.231	0.222	0.214	0.236	0.261	0.272	0.257	0.218	0.218	0.208	0.226
3	河北	0.296	0.316	0.324	0.324	0.292	0.311	0.320	0.312	0.292	0.325	0.318	0.289	0.275	0.254	0.254	0.256	0.297
4	山西	0.107	0.175	0.182	0.204	0.226	0.225	0.263	0.242	0.256	0.240	0.257	0.270	0.275	0.260	0.260	0.249	0.231
5	内蒙古	0.487	0.523	0.450	0.480	0.496	0.465	0.491	0.456	0.495	0.487	0.485	0.478	0.456	0.449	0.449	0.463	0.476
6	辽宁	0.326	0.307	0.279	0.265	0.249	0.247	0.284	0.269	0.236	0.277	0.292	0.296	0.274	0.250	0.250	0.257	0.272
7	吉林	0.436	0.423	0.442	0.427	0.410	0.369	0.434	0.428	0.407	0.446	0.436	0.429	0.422	0.414	0.414	0.416	0.422
8	黑龙江	0.426	0.512	0.500	0.477	0.458	0.477	0.470	0.470	0.470	0.484	0.490	0.461	0.453	0.453	0.453	0.478	0.471
9	上海	0.304	0.301	0.271	0.253	0.242	0.245	0.249	0.244	0.246	0.257	0.261	0.257	0.248	0.195	0.195	0.179	0.247
10	江苏	0.316	0.363	0.351	0.352	0.335	0.348	0.341	0.344	0.348	0.355	0.351	0.346	0.334	0.327	0.327	0.322	0.341
11	浙江	0.302	0.310	0.313	0.309	0.301	0.298	0.299	0.293	0.292	0.308	0.299	0.304	0.295	0.290	0.290	0.275	0.299
12	安徽	0.337	0.351	0.375	0.337	0.311	0.321	0.316	0.312	0.329	0.337	0.343	0.337	0.332	0.329	0.329	0.338	0.333
13	福建	0.306	0.309	0.318	0.312	0.300	0.304	0.312	0.306	0.303	0.328	0.323	0.311	0.296	0.282	0.282	0.278	0.304
14	江西	0.341	0.309	0.327	0.318	0.314	0.319	0.317	0.316	0.325	0.339	0.331	0.327	0.317	0.313	0.313	0.322	0.322
15	山东	0.329	0.339	0.349	0.361	0.334	0.335	0.346	0.347	0.335	0.359	0.344	0.323	0.309	0.297	0.297	0.301	0.332
16	河南	0.310	0.336	0.333	0.328	0.312	0.323	0.324	0.320	0.336	0.346	0.344	0.327	0.318	0.321	0.321	0.335	0.327

续表

序号	省、直辖市、自治区	1992	1993	1994	1995	1996	1997	1998	1999	2000	2001	2002	2003	2004	2005	2006	2007	年均值
17	湖北	0.312	0.328	0.345	0.314	0.291	0.296	0.299	0.291	0.307	0.333	0.321	0.317	0.312	0.304	0.304	0.310	0.312
18	湖南	0.287	0.305	0.352	0.304	0.280	0.301	0.300	0.308	0.337	0.335	0.322	0.319	0.301	0.288	0.288	0.296	0.308
19	广东	0.302	0.297	0.306	0.303	0.298	0.298	0.303	0.299	0.304	0.315	0.312	0.324	0.308	0.273	0.273	0.265	0.299
20	广西	0.306	0.324	0.319	0.319	0.311	0.300	0.312	0.303	0.333	0.337	0.331	0.335	0.307	0.303	0.303	0.310	0.316
21	海南	0.473	0.469	0.475	0.465	0.458	0.445	0.451	0.442	0.456	0.462	0.461	0.467	0.446	0.440	0.440	0.441	0.456
22	四川	0.295	0.299	0.304	0.295	0.281	0.286	0.287	0.276	0.317	0.314	0.317	0.317	0.295	0.285	0.285	0.290	0.296
23	贵州	0.282	0.281	0.275	0.237	0.214	0.174	0.183	0.189	0.254	0.275	0.287	0.270	0.263	0.262	0.262	0.261	0.248
24	云南	0.329	0.334	0.336	0.325	0.337	0.292	0.309	0.306	0.381	0.371	0.366	0.381	0.338	0.315	0.315	0.317	0.335
25	西藏	0.535	0.554	0.540	0.546	0.552	0.545	0.546	0.554	0.563	0.561	0.553	0.554	0.551	0.530	0.530	0.540	0.547
26	陕西	0.363	0.374	0.346	0.313	0.304	0.304	0.349	0.320	0.374	0.352	0.333	0.341	0.325	0.311	0.311	0.305	0.333
27	甘肃	0.337	0.355	0.338	0.299	0.291	0.300	0.317	0.293	0.301	0.338	0.345	0.343	0.331	0.314	0.314	0.317	0.321
28	青海	0.351	0.395	0.385	0.318	0.275	0.306	0.324	0.273	0.314	0.347	0.327	0.304	0.295	0.271	0.271	0.240	0.312
29	宁夏	0.404	0.467	0.424	0.402	0.387	0.377	0.384	0.375	0.348	0.335	0.317	0.319	0.321	0.312	0.312	0.302	0.362
30	新疆	0.403	0.403	0.391	0.362	0.308	0.334	0.338	0.330	0.331	0.354	0.357	0.349	0.317	0.307	0.307	0.312	0.344
	全国平均	0.334	0.350	0.346	0.331	0.318	0.318	0.329	0.320	0.332	0.344	0.341	0.339	0.325	0.311	0.311	0.312	0.329

注：1997—2007年四川的数据为四川和重庆的合并数据。

资料来源：笔者利用中国30个省（直辖市、自治区）相关省标统计数据，通过训练好的BP网络仿真输出而得。

参考文献

［1］［美］巴泽尔著:《产权的经济分析》,费方域、段毅才译,上海人民出版社 1997 年版。

［2］［美］德怀特·H. 波金斯等著:《发展经济学》,黄卫平等译,中国人民大学出版社 1998 年版。

［3］［美］德内拉·梅多斯、乔根·兰德斯、丹尼斯·梅多斯著:《增长的极限》,李涛、王智勇译,机械工业出版社 2006年版。

［4］［美］罗纳德·科斯著:《社会成本问题》,《企业、市场与法律》,盛洪、陈郁等译,上海三联书店 1990 年版。

［5］［美］罗纳德·科斯等著:《财产权利与制度变迁》,刘守英等译,上海三联书店、上海人民出版社 1994 年版。

［6］［美］罗纳德·科斯等著:《契约经济学》,李风圣等译,经济科学出版社 1999 年版。

［7］［美］马歇尔著:《经济学原理》,朱志泰、陈良璧译,商务印书馆 1981 年版。

［8］［英］阿瑟·赛西尔·庇古著:《福利经济学(英文版)》,中国社会科学出版社 1999 年版。

［9］［英］大卫·李嘉图著:《政治经济学及赋税原理》,郭大力、王亚南译,商务印书馆 1962 年版。

[10] [英] 马尔萨斯著:《人口原理》,朱泱等译,商务印书馆 1992 年版。

[11] [英] 亚当·斯密著:《国民财富的性质和原因的研究》,郭大力、王亚南译,商务印书馆 1972 年版。

[12] [英] 约翰·穆勒著:《政治经济学原理(下卷)》,胡企林、朱泱译,商务印书馆 1991 年版。

[13] [英] 约翰·伊特维尔、莫里·米尔盖特、彼得·纽曼著:《新帕尔格雷夫经济学大辞典(第 2 卷)》,经济科学出版社 1996 年版。

[14] 蔡昉、王德文:《外商直接投资与就业——一个人力资本分析框架》,《财经论丛》2004 年第 1 期。

[15] 陈飞翔、郭英:《人力资本和外商直接投资的关系研究》,《人口与经济》2005 年第 2 期。

[16] 陈继杰:《外商直接投资对可持续发展影响的研究综述》,《经济社会体制比较》2006 年第 6 期。

[17] 陈柳、刘志彪:《本土创新能力、FDI 技术外溢与经济增长》,《南开经济研究》2006 年第 3 期。

[18] 程惠芳:《国际直接投资与开放型内生经济增长》,《经济研究》2002 年第 10 期。

[19] 程惠芳:《对外直接投资比较优势研究》,上海三联出版社 1998 年版。

[20] 诸大建等:《走可持续发展之路》,上海科学普及出版社 1997 年版。

[21] 董长虹:《Matlab 神经网络与应用(第 2 版)》,国防工业出版社 2007 年版。

[22] 郭熙保:《论发展观的演变》,《学术月刊》2001 年第 5 期。

［23］贺卫、伍山林：《制度经济学》，机械工业出版社2003年版。

［24］何中华：《可持续发展面临的一种难题》，《天津社会科学》2000年第1期。

［25］洪银兴：《可持续发展经济学》，商务印书馆2000年版。

［26］黄玖立、黄俊立：《中国跨省农村劳动力流动的实证分析》，http：//www. cenet. org. cn/cn/CEAC/2005in/ldrk010. doc（2005年第五届经济学年会交流论文），2005。

［27］贾华强：《可持续发展经济学导论》，知识出版社1996年版。

［28］江小涓：《中国的外资经济——对增长、结构升级和竞争力的贡献》，中国人民大学出版社2002年版。

［29］江泽民：《正确处理社会主义现代化建设中的若干重大关系（1995年9月28日）》，《江泽民文选（第1卷）》，人民出版社2006年版。

［30］焦必方：《环保型经济增长——21世纪中国的必然选择》，复旦大学出版社2000年版。

［31］李东阳：《国际投资学教程》，东北财经大学出版社2003年版。

［32］李东阳：《国际直接投资与经济发展》，经济科学出版社2002年版。

［33］李东阳、周学仁：《跨国公司R&D国际化的基本特征与中国的策略》，《财经问题研究》2008年第8期。

［34］李东阳、周学仁：《辽宁省引进FDI业绩指数与潜力指数研究》，《财经问题研究》2007年第11期。

［35］李东阳、周学仁：《中国企业"走出去"的战略选

择》,《光明日报》2008年第6期。

［36］李东阳、周学仁:《中国企业"走出去"的战略意义》,《光明日报》2007年第6期。

［37］李雪辉、许罗丹:《FDI对外资集中区域工资水平影响的实证研究》,《南开经济研究》2002年第2期。

［38］李祚泳、汪嘉杨、熊建秋、徐婷婷:《可持续发展评价模型与应用》,科学出版社2007年版。

［39］联合国跨国公司中心:《1992年世界投资报告——跨国公司:经济增长的引擎(中译本)》,储祥银等译,对外贸易教育出版社1993年版。

［40］联合国跨国公司与投资司: 《1996年世界投资报告——投资、贸易与国际政策安排(中译本)》,储祥银等译,对外经济贸易大学出版社1997年版。

［41］联合国贸发会议跨国公司与投资司:《1999年世界投资报告:外国直接投资和发展的挑战(中译本)》,冼国明译,中国财政经济出版社2000年版。

［42］联合国贸发会议:《2002年世界投资报告:跨国公司与出口竞争力(中译本)》,冼国明译,中国财政经济出版社2003年版。

［43］梁言顺:《低代价的经济增长》,人民出版社1999年版。

［44］林万祥:《论广义成本理论结构的基本框架》,《经济学动态》2001年第4期。

［45］刘鸿明:《可持续发展理论的经济学基础之所见》,《中国人口、资源和环境》2003年第3期。

［46］刘思华:《可持续发展经济学》,湖北人民出版社1997年版。

［47］刘渝琳、温怀德：《经济增长下的 FDI、环境污染损失与人力资本》，《世界经济研究》2007 年第 11 期。

［48］罗浩：《自然资源与经济增长：资源瓶颈及其解决途径》，《经济研究》2007 年第 6 期。

［49］吕廷煜：《中华人民共和国历史纪实：曲折发展（1958—1965）》，红旗出版社 1994 年版。

［50］马传标：《可持续发展经济学》，山东人民出版社 2002 年版。

［51］马林、章凯栋：《外商直接投资对中国技术溢出的分类检验研究》，《世界经济》2008 年第 7 期。

［52］马寅初：《新人口论》，《人民日报》1957 年 7 月 15 日。

［53］聂华林：《区域可持续发展经济学》，中国社会科学出版社 2007 年版。

［54］牛文元：《持续发展导论》，科学出版社 1994 年版。

［55］潘家华：《持续发展途径的经济学分析》，中国人民大学出版社 1997 年版。

［56］蒲勇健：《可持续发展总量模型构造》，《经济管理问题新探索》，重庆大学出版社 1997 年版。

［57］蒲勇健：《可持续发展概念的起源，发展与理论纷争》，《重庆大学学报》（社会科学版）1997 年第 1 期。

［58］蒲永健：《可持续发展经济增长方式的数量刻画与指数构造》，重庆大学出版社 1997 年版。

［59］蒲勇健：《经济增长方式的数量刻画与产业结构调整：一个理论模型》，《经济科学》1997 年第 2 期。

［60］蒲勇健：《可持续发展指标的一种理论构造方法》，《数量经济技术经济研究》1998 年第 4 期。

［61］蒲勇健、杨秀苔：《资源约束下的可持续经济增长内生技术进步模型》，《科技与管理》1999 年第 2 期。

［62］綦建红、鞠磊：《环境管制与外资区位分布的实证分析——基于中国 1985—2004 年数据的协整分析与格兰杰因果检验》，《财贸研究》2007 年第 3 期。

［63］钱伯海：《国民经济统计学》，高等教育出版社 2000 年版。

［64］邱东、宋旭光：《可持续发展层次论》，《经济研究》1999 年第 2 期。

［65］任保平：《可持续发展：非正式制度安排视角的反思与阐释》，《陕西师范大学学报》（哲学社会科学版）2002 年第 2 期。

［66］任保平：《制度安排与可持续发展》，《陕西师范大学学报（哲学社会科学版）》2000 年第 3 期。

［67］桑百川：《外商直接投资企业对我国的就业贡献》，《开放导报》1999 年第 4 期。

［68］桑秀国：《利用外资与经济增长——一个基于新经济增长理论的模型及对中国数据的验证》，《管理世界》2002 年第 9 期。

［69］邵军、徐康宁：《制度质量、外资进入与增长效应：一个跨国的经验研究》，《世界经济》2008 年第 7 期。

［70］沈坤荣、田源：《人力资本与外商直接投资的区位选择》，《管理世界》2002 年第 11 期。

［71］沈坤荣、耿强：《外国直接投资、技术外溢与内生经济增长——中国数据的计量检验与实证分析》，《中国社会科学》2001 年第 5 期。

［72］沈满洪：《论环境的经济手段》，《经济研究》1997 年

第 10 期。

[73] 沈毅俊、潘申彪：《开放经济下 FDI 流入对地区收入差距影响的模型分析》，《经济问题探索》2007 年第 5 期。

[74] 世界银行：《2008 年世界发展报告：以农业促发展》，胡光宇、赵冰译，清华大学出版社 2008 年版。

[75] 王剑：《外国直接投资对中国就业效应的测算》，《统计研究》2005 年第 3 期。

[76] 王军：《可持续发展》，中国发展出版社 1997 年版。

[77] 王志鹏、李子奈：《外商直接投资、外溢效应与内生经济增长》，《世界经济文汇》2004 年第 3 期。

[78] 魏后凯：《外商直接投资对中国区域经济增长的影响》，《经济研究》2002 年第 4 期。

[79] 夏京文：《FDI 利用对中国经济安全的影响》，《工业技术经济》2002 年第 3 期。

[80] 夏友富：《外商投资中国污染密集产业现状、后果及其对策研究》，《管理世界》1999 年第 3 期。

[81] 徐青：《循环经济：中国社会经济发展模式的必然选择》，《现代管理科学》2006 年第 2 期。

[82] 杨文进：《经济可持续发展论》，中国环境科学出版社 2002 年版。

[83] 易丹辉：《数据分析与 EViews 应用》，中国统计出版社 2002 年版。

[84] 英国石油公司（BP）：《BP 世界能源统计 2008》，BP 公司中文网站（www.bp.com.cn），2008 年。

[85] 于同申：《发展经济学——新世纪经济发展的理论与政策》，中国人民大学出版社 2002 年版。

[86] 于津平：《外资政策、国民利益与经济发展》，《经济

研究》2004 年第 5 期。

［87］曾珍香、顾培亮：《可持续发展的系统分析与评价》，科学出版社 2000 年版。

［88］张东辉：《发展经济学与中国经济发展》，山东人民出版社 1999 年版。

［89］张二震、任志成：《FDI 与中国就业结构的演进》，《经济理论与经济管理》2005 年第 5 期。

［90］张帆：《环境与自然资源经济学》，上海人民出版社 1999 年版。

［91］张立群：《利用外资与中国经济增长的关系》，《改革》2005 年第 6 期。

［92］赵果庆：《中国 GDP – FDIs 非线性系统的动态经济学分析——中国 FDIs 有最优规模吗?》，《数量经济技术经济研究》2006 年第 2 期。

［93］赵江林：《外资与人力资源开发：对中国经验的总结》，《经济研究》2004 年第 2 期。

［94］赵细康：《环境保护与产业国际竞争力》，中国社会科学出版社 2003 年版。

［95］钟茂初：《可持续发展经济学》，经济科学出版社 2006 年版。

［96］周海林：《可持续发展原理》，商务印书馆 2004 年版。

［97］朱东平：《外商直接投资、知识产权保护与发展中国家的社会福利——兼论发展中国家的引资战略》，《经济研究》2004 年第 1 期。

［98］朱金生：《FDI 与区域就业转移：一个新的分析框架》，《国际贸易问题》2005 年第 6 期。

［99］祖强、赵珺：《FDI 与环境污染相关性研究》，《中共

南京市委党校南京市行政学院学报》2007 年第 3 期。

[100] 中国科学院可持续发展战略研究组:《中国可持续发展战略研究报告 (1999—2009 年各年)》, 科学出版社 1999—2009 年版。

[101] Abramovitz, M. , 1986, "Catching up, Forging a-head and Falling behind", *The Journal of Economic History*, 46, pp. 385 – 406.

[102] Aitken, B. ; Harrison, A. and Lipsey, R. E. , 1996, "Wages and Foreign Ownership: A Comparative Study of Mexico, Venezuela, and the United States", *Journal of International Economics*, 40 (3 – 4), pp. 345 – 371.

[103] Aitken, B. and Harrison, A. , 1999, "Do Domestic Firms Benefit from Foreign Direct Investment? Evidence from Venezuela", *The American Economic Review*. 89 (3), pp. 605 – 618.

[104] Arrow, K. J. , 1962, "The Economic Implications of Learning by Doing", *Review of Economic Studies*, 29, pp. 155 – 173.

[105] Ayres, R. U. , 2000, "Resources, Scarcity, Growth and the Environment", *Working Paper*, Center for the Management of Environmental Resources.

[106] Balasubramanyam, V. N. ; Salisu, M. and Sapsford, D. , 1996, "Foreign Direct Investment and Growth in EP and IS Countries", *The Economic Journal*, 106, pp. 92 – 105.

[107] Barbier, E. B. , 1989, *Economics, Natural Scarcity and Development*. Lodon: Earthscan Publications.

[108] Barbier, E. B. , et al. , 1990, *Elephants, Economics, and Ivory*, London: Earthscan Publications.

[109] Barro, R. J. and Xavier Sala – martin, 1995, *Economic*

Growth, McGrow – Hill Inc.

[110] Baumol, W. J. and Oates, W. , 1988, *The Theory of Environmental Policy*, Cambridge: Cambridge University Press.

[111] Bhagwati, J. and Daly, H. E. , 1993, "Debate: Does Free Trade Harm the Environment?" *Scientific American*, (10), pp. 17 – 19.

[112] Blomström, M. ; Lipsey, R. E. and Zejan, M. , 1994, "What Explains Developing Country Growth?" *NBER Working Paper*, No. 4132.

[113] Borensztein, E. ; De Gregorio, J. and Lee, J. W. , 1998, "How does Foreign Direct Investment Affect Economic Growth?" *Journal of International Economies*, 45, pp. 115 – 135.

[114] Borensztein, E. ; De Gregorio, J. and Lee, J. W. , 1995, "How does Foreign Direct Investment Affect Economic Growth?" *Working Paper*, No. 5057, Cambridge, MA: National Bureau of Economic Research, p. 3.

[115] Buckley, P. J. and Casson, M. , 1976, *The Future of the Multinational Enterprises*, London: Macmillan, p. 69.

[116] Cantwell, J. A. and Tolentino, P. E. , 1990, "Technological Accumulation and Third World Multinationals", *Discussion Papers in International Investment and Business Studies*, No. 139. University of Reading.

[117] Cardoso, F. H. and Faletto, E. , 1979, *Dependency and Development in Latin America*, *Berkeley and Los Angeles*, CA: University of California Press.

[118] Caves, R. E. , 1971, "International Corporations: the Industrial Economics of Foreign Investment", *Economica*, Vol. 38,

Feb. , pp. 1 – 27.

[119] Chenery, H. B. and Strout, A. M. , 1966, "Foreign Assistance and Economic Development", *The American Economic Review*, 56 (9), pp. 679 – 733.

[120] Chichilnisky, G. , 1997, "What is Sustainable Development", *Land Economics*, 73 (4), pp. 467 – 491.

[121] Coase, R. , 1937, "The Nature of the Firm", *Economica*, New Series, Vol. 4, Issue 16. pp. 368 – 405.

[122] Cobb, C. ; Halstead, T. and Rowe, J. , 1995, *The Genuine Progress Indicator: Summary of Data and Methodology*, San Francisco: Redefining Progress.

[123] Conyon, M. J. ; Girma, S. ; Thompson, S. and Wright, P. , 2002, "The Productivity and Wage Effects of Foreign Acquisition in the United Kingdom", *Journal of Industrial Economics*, 50, pp. 85 – 102.

[124] Crozet, M. , 2004, "Do Migrants Follow Market Potentials? An Estimation of a New Economic Geography Model", *Journal of Economic Geography*, 4 (4), pp. 439 – 458.

[125] Daly, H. , 1991, *Steady State Economics*, Washington, DC: Island Press.

[126] De Mello, L. , 1999, "Foreign Direct Investment Improves the Current Account in Pacific Basin Economies", *Journal of Asian Economics*, (7), pp. 133 – 151.

[127] Domer, E. D. , 1946, "Capital Expansion, Rate of Growth, and Employment", *Econometrica*, pp. 137 – 147.

[128] Driffield, N. and Girma, S. , 2003, "Regional Foreign Direct Investment and Wages Spillovers: Plant Level Evidence from

the UK Electronics Industry", *Oxford Bulletin of Economics and Statistics*, 65, pp. 453 – 474.

[129] Driffield, N. and Taylor, K., 2000, "FDI and the Labour Market: A Review of the Evidence and Policy Implications", *Oxford Review of Economic Policy*, Oxford: Oxford University Press, 16 (3), pp. 90 – 103.

[130] Dunning, J. H., 1973, "The Determinants of Intemtional Production", *Oxford Economic Papers*, 25 (3), pp. 289 – 336.

[131] Dunning, J. H., 1977, "Trade, Location of Economic Activity and the MNE: A Search for an Eclectic Approach", in Ohlin, B. et al., eds., *The International Allocation of Economic Activity: Proceedings of a Nobel Symposium*. London: Holmes and Meier, pp. 395 – 418.

[132] Dunning, J. H., 1981, "Explaining the International Direct Investment Position of Countries: Towards a Dynamic or Developmental Approach", Weltwirtschaftliches Archiv, 117, pp. 30 – 64.

[133] Dunning, J. H., 1981, *International Production and the Multinational Enterprise*, London: Allen & Unwin.

[134] Dunning, J. H., 1986, "The Investment Development Cycle Revisited", Weltwirtschaftliches Archiv, 122, pp. 667 – 677.

[135] Dunning, J. H., 1988, "The Eclectic Paradigm of International Production: A Restatement and Some Possible Extension", *Journal of International Business Studies*, Spring/Summer, Vol. 19.

[136] Dunning, J. H., 1988, *Explaining International Production*. Boston: Unwin Hyman.

[137] Dunning, J. H., 1993, *Multinational Enterprises and the Global Economy*, Wokingham: Addison – wesley Publishing Com-

pany.

[138] Dunning, J. H, 1993, *The Theory of Transnational Corporations*. London: Routledge.

[139] Esty, D. C. , 1994, *Greening the GATT: Trade, Environment and the Future*. Washington, DC: Institute for International Economics.

[140] Esty, D. C. and Geradin, D. A. , 1997, "Market Access, Competitiveness, and Harmonization: Environmental Protection in Regional Trade Agreements", *The Harvard Environmental Law Review*, 21 (2), pp. 265 – 336.

[141] Feliciano, Z. M. and Lipsey, R. E. , 2006, "Foreign Ownership, Wages, and Wage Changes in U. S. Industries, 1987 – 1992", *Contemporary Economic Policy*, Oxford: Oxford University Press. 24 (1), pp. 74 – 91.

[142] Gallagher, K. P. and Zarsky, L. , 2005, "No Miracle Drug: Foreign Direct Investment and Sustainable Development", in Zarsky, L. ed. , *International Investment for Sustainable Development: Balancing Rights and Rewards*, London: Earthscan, pp. 13 – 45.

[143] Görg, H. ; Strobl, E. and Walsh, F. , 2007, "Why Do Foreign – Owned Firms Pay More? The Role of On – the – Job Training", *Review of World Economics*, Springer, 143 (3), pp. 464 – 482.

[144] Granger, C. W. J. , 1980, "Testing for Causality: A Personal View – point", *Journal of Economic Dynamics and Control*, 2, pp. 329 – 352.

[145] Granger, C. W. J. , 1988, "Causality, Co – integration and Control", *Journal of Economic Dynamics and Control*, 68, pp.

213 - 228.

[146] Grossman, G. M. and Helpman, E. , 1991, *Innovation and Growth in the Global Economy.* Cambridge, MA: MIT Press.

[147] Harris, J. M. , 2003, "Sustainability and Sustainable Development", *International Society for Ecological Economics.*

[148] Harrod, R. F. , 1939, "An Essay in Dynamic Theory", *Economic Journal*, pp. 14 - 33.

[149] Harsanyi, J. C. , 1955, "Cardinal Welfare, Individualist Ethics and Interpersonal Comparisons of Utility", *The Journal of Potitical Economy*, 63 (4), pp. 309 - 321.

[150] Heal, G. , 1998, *Valuing the Future: Economic Theory and Sustainability*, Columbia: Columbia University Press.

[151] Helpman, E. and Krugman, P. , 1989, *Trade Policy and Market Structure*, MIT Press.

[152] Hymer S. H. , 1976, *The International Operations of National Firms: A Study of Direct Foreign Investment*, Cambridge, MA: MIT Press.

[153] IUCN; UNEP and WWF, 1991, *Caring for the Earth: A Strategy for Sustainable Living.* London: Earthscan, pp. 1 - 20.

[154] Iversen, C. , 1935, *Aspects of International Capital Movements*, London and Copenhagen: Levin and Munksgaard.

[155] Johnson, H. G. , 1970, The Efficiency and Welfare Implications of the Multinational Corporation. In Kindleberger, C. ed. , *The International Corporation*, Cambridge, MA: MIT Press.

[156] Kamalakanthan, A. and Laurenceson, J. , 2005, "How Important is Foreign Capital to Income Growth in China and India?" *Discussion Paper*, No. 4, East Asia Economic Research Group,

School of Economics, The University of Queensland.

[157] Kindleberger, C. P. , 1969, *American Business Abroad*, New Haven, CN: Yale University Press, pp. 19 – 23.

[158] Kindleberger, C. P. , 1975, "Monopolistic Theory of Direct Foreign Investment", in George Modelski ed. , *Transnational Corporation and World Orders: Readings in International Political Economy.*

[159] Knickerbocker, F. T. , 1973, "Oligopolistic Reaction and the Multinational Enterprise" *Discussion Paper*, Boston: Harvard Graduate School of Business Administration.

[160] Kojima, K. , 1973, "A Macroeconomic Approach to Foreign Direct Investment" . *Hitotsubashi Journal of Economics*, 14 (1), pp. 1 – 21.

[161] Kojima, K. , 1978, *Direct Foreign Investment: A Japanese Model of Multinational Business Operation*, London: Croom Helm.

[162] Koopmans, T. C. , 1960, "Stationary Ordinal Utility and Impatience", *Econometrica*, 28, pp. 137 – 175.

[163] Krugman, P. R. , 1991, "Increasing Returns and Economic Geography", *Journal of Political Economy*, 99, pp. 483 – 499.

[164] Krugman, P. R. , 1993, "International Finance and Economic Development", in Giovannini, A. ed. , *Finance and Development: Issues and Experience*, Cambridge: Cambridge University Press, pp. 11 – 24.

[165] Kuznets, S. S. , 1955, "Economy Growth and Income Inequality", *The American Economic Review*, 45 (2), pp. 1 – 28.

[166] Lall, S. , 1983, *The New Multinationals*, New York:

Chichester and New York: John Wiley.

[167] Levinson, A., 1996, "Environmental Regulations and Manufacturers' Location Choices: Evidence from the Census of Manufactures", *Journal of Public Economics*. 62 (1 - 2), pp. 5 - 29.

[168] Linde - rahr, M. and Ljungwall, C., 2003 "Foreign Direst Investment, Development and Environmental Policy in China", Working Paper, Göteborg University.

[169] Lipsey, R. E. and Sjoholm, F., 2004, "Foreign Direct Investment, Education and Wages in Indonesian Manufacturing", *Journal of Development Economics*, 73 (1), pp. 415 - 422.

[170] List, J. A. and CO, C. Y., 2000, "The Effects of Environmental Regulations on Foreign Direct Investment", *Journal of Environmental Economics and Management*. 40, pp. 1 - 20.

[171] Low, P. and Yeats, A., 1992, "Do 'Dirty' Industries Migrate?" in Low, P. ed., *International Trade and the Environment*, Washington DC, World Bank Discussion Paper, No. 159, pp. 89 - 103.

[172] Lubitz, R., 1966, "United States Direct Investment in Canada and Canandian Capital Formation, 1950 - 1962", *Ph. D. Dissertation*, Cambridge, MA: Harvard University, Oct., pp. 97 - 98.

[173] Lucas, R. E., 1988, "On the Mechanics of Economic Development", *Journal of Monetary Economics*. 22, pp. 3 - 42.

[174] MacDougall, G. D. A., 1960, "The Benefit and Costs of Private Investment from Abroad: A Theoretical Approach," *Economic Record*, 36, pp. 13 - 35.

[175] Markusen, J. R. 1998, "Multinational Firms, Location

and Trade", *The World Economy*, Blackwell Publishing, 21 (6), pp. 733 – 756.

[176] Mayhew, P. J. ; Jenkins, G. B. and Benton, T. G. , 2007, "A Long – term Association between Global Temperature and Biodiversity, Origination and Extinction in the Fossil Record", *Proceedings of the Royal Society B : Biological Sciences*, October 23.

[177] Munasinghe, M. and McNeely, J. , 1996, *Key Concepts and Terminology of Sustainable Development, Defining and Measuring Sustainability*, The Biogeophysical Foundations, New York, pp. 19 – 56.

[178] Munasinghe, M. and Shearer, W. , 1996, *An Introduction to the Definition and Measurement of Biogeophysical Sustainability, Defining and Measuring Sustainability*, The Biogeophysical Foundations, New York.

[179] Nurkse, R. , 1933, "Causes and Effects of Capital Movements", in J. H. Dunning ed. , *International Investment*, Hammondsworth : Penguin, 1972, pp. 97 – 116.

[180] Nurkse, R. , 1953, *Problem of Capital formation in Underdeveloped Countries*, New York : Oxford University Press.

[181] OECD, 2001, "Foreign Direct Investment and Sustainable Development", *Financial Market Trends*, No. 79, pp. 107 – 131.

[182] Pearce, D. W. and Barbier, E. B. , 2000, *Blueprint for a Sustainable Economy.* London : Earthscan Publications, pp. 270 – 273.

[183] Pezzey, J. C. V. and Toman, M. A. , 2002, "The Economics of Sustainability : A Review of Journal Articles", *Discussion Paper of Resources for the Future.*

[184] Porter, M. E. , 1990, *The Competitive Advantage of Na-*

tions, New York: Free Press.

[185] Prebisch, R. , 1988, "Dependence, Development and Interdependence", in Ranis, G. and Schultz, T. P. eds. , *The State of Development Economic: Progress and Perspectives*, Oxford: Basil Blackwell, pp. 31 – 48.

[186] Prescott – Allen, R. , 1995, *Barometer of Sustainability: a Method of Assessing Progress towards Sustainable Societies*. PADATA, Victoria, Canada.

[187] Ramsey, F. P. , 1928, "A Mathematical Theory of Saving", *Economic Journal*, 38, pp. 543 – 559.

[188] Rawls, J. , 1972, *A Theory of Justice*, Oxford: Clarendon Press.

[189] Romer, P. M. , 1986, "Increasing Returns and Long – Run Growth", *Journal of Political Economy*, 94, pp. 1002 – 1037.

[190] Rostow, W. W. , 1960, *The Stages of Economic Growth: A Non – Communist Manifesto*, Cambridge: Cambridge University Press.

[191] Rugman, A. M. , 1981, *Inside the Multinationals: The Economics of Internal Market*, London: Croom Helm.

[192] Rumelhart, D. E. and Hinton, G. E. , 1986, "Learning Representation by Back – propagation Errors", *Nature*, 7, pp. 149 – 154.

[193] Simon, J. L. , 1981, *The Ultimate Resource*, New Jersey: Princeton Univerity Press.

[194] Simon, J. L. , 1986, *Theory of Population and Economic Growth*, New York: Blackwell.

[195] Singh, I. and Thakur, A. K. , 2008, *Growth and Hu-*

man Development: Economic Thoughts of Wassily W. Leontief, New Delhi: Deep and Deep Pub. , p. 268.

[196] Solow, R. M. , 1956, "A Contribution to the Theory of Economic Growth", Quarterly Journal of Economics, 70 (1), pp. 65 – 94.

[197] Solow, R. M. , 1957, "Technical Change and the Aggregate Production Function", Review of Economics and Statistics, 39, pp. 312 – 320.

[198] Sun, H. , 1998, Foreign Investment and Economic Development in China, 1979 – 1996, London: Ashgate Publishing Limited.

[199] Tolentino, P. E. , 1993, Technological Innovation and the Third World Multinationals, London: Routledge.

[200] UNCTAD, 2007, World Investment Report 2007: Transnational Corporations, Extractive Industries and Development, New York: United Nations Publication.

[201] UNCTAD, 2008, World Investment Report 2008: Transnational Corporations, and the Infrastructure Challenge, New York: United Nations Publication.

[202] UNDP, 2001, Human Development Report 2001, New York and Oxford: Oxford University Press, p. 240.

[203] Van Houtven, C. H. and Runge, C. F. , 1993, "GATT and the Environment: Policy Research Needs", American Journal of Agricultural Economics, 75 (3), pp. 789 – 793.

[204] Vernon, R. , 1966, "International Investment and International Trade in the Product Cycle", Quarterly Journal of Economics, 80, pp. 190 – 207.

［205］Vernon, R. , 1974, Location of Economic Activity, in John H. Dunning ed. , *Economic Analysis and the Multinational Enterprises*, London: George Allen and Unwin.

［206］Wackernagel, M. et al. , 2002, "Tracking the Ecological Overshoot of the Human Economy", *Proceedings of the Academy of Science Paper*, No. 14: 9266 - 9271, 1999, Washington, DC.

［207］Walter, I. and Ugelow, J. L. , 1979, "Environmental Policies in Developing Countries", *Ambio*. 8, pp. 102 - 109.

［208］Walter, I. , 1982, "Environmentally Induced Industrial Relocation to Developing Countries in Environment and Trade", In Rubin, S. J. and Graham, T. R. eds. , *Environment and Trade: The Relation of International Trade and Environmental Policy*, Totowa, New Jersey: Allenheld and Osmun, pp. 67 - 101.

［209］WB, 2009, *World Development Report* 2009: *Reshaping Economic Geography*. www. worldbank. org.

［210］Webber, M. ; Wang, M. and Zhu, Y. , 2002, *China's Transition to a Global Economy*, New York: Palgrave Macmillan.

［211］Wells, L. T. , 1968, "A Product Life Cycle for International Trade", *Journal of Marketing*. 32 (3), pp. 1 - 6.

［212］Wells, L. T. , 1969, "Test of a Product Cycle Model of International Trade: U. S. Exports of Consumer Durables", *Quarterly Journal of Economics*, 83, February, pp. 152 - 162.

［213］Wells, L. T. et al. , 1972, *The Product Lift Cycle and International Trade*, Cambridge, Mass: Havard University Press.

［214］Wells, L. T. , 1983, *Third World Multinationals*, Cambridge, MA: MIT Press.

［215］WRI, 1992, *Global Biodiversity Strategy: Guidelines for*

Action to Save, Study and Use Earth's Biotic Wealth Sustainably and Equitably. WRI/IUCN/UNEP. World Resources Institute, Washington, DC.

后　记

　　本书是在我的博士学位论文基础上修改而成的，也是国家自然科学基金项目（40671073）和教育部人文社科一般项目（06JAGJW002）的阶段性成果之一。

　　2007年伊始，基于我的导师李东阳教授的一个国家自然科学基金项目，我开始研究FDI与东道国可持续发展问题。后来渐渐发现，可持续发展问题就像一座巨大的迷宫，我试图用一把钥匙"FDI"去打开通往正确通道的门，却几度碰壁、几度迷茫，往往费尽周折却又回到原点。本书算不上走出迷宫的秘籍，只是描述了这座迷宫的一角。我从中深刻体会到：做学问，越做越觉得自己懂得太少。

　　在读博期间，我最幸福的事情莫过于师从李东阳教授。在我的心中，李老师首先是一位对我的学习和生活关心备至的亲人，其次是一位治学严谨、学识渊博、令人尊敬的师者和长者。李老师在学术上求真，在做人上务实，这些都无时无刻不在感染着我，感动着我，并将使我受益终生。

　　我还要感谢原工作单位的领导和同事们对我读博的支持，处长郭连成教授是我最为敬重的学者，他一直对我的工作和学习提供了莫大的关心和帮助；感谢副处长王志强教授、吴明明老师、刘春节老师、邹化勇老师、陈菁泉老师，我们就像一家人。

　　本书写作和出版期间，得到了我的导师李东阳教授的悉心指导和大力支持；还要感谢东北财经大学郭连成教授、刘昌黎教授、何剑教授、金凤德教授，以及吉林大学李玉潭教授和庞德良教授对本书提出的修改意见；感谢师妹朱华、刘亚娟、郑磊等人提供的帮助；感谢同学张晓东、刘伟、陈仕华等人对本书提出的建议；感谢米军、孙志伟等人提供的早期资料；感谢我的父母和爱人，是他们的默默关怀和细心照料，为我提供了持续的写作动力。

　　最后，我要特别感谢曹宏举副总编和本书的责任编辑陈琨，他们为本书的完善和顺利出版提供了莫大的帮助，在此深表谢意。

2009 年 7 月于东财园